青少年性格心理学

培养孩子的自我认知力

宋联可 ◎ 编著

中国纺织出版社有限公司

图书在版编目（CIP）数据

青少年性格心理学：培养孩子的自我认知力 / 宋联可编著. -- 北京：中国纺织出版社有限公司，2025.
7 -- ISBN 978-7-5229-2300-0

Ⅰ．B844.2

中国国家版本馆CIP数据核字第2024YH0480号

责任编辑：刘梦宇　　责任校对：王蕙莹　　责任印制：储志伟

中国纺织出版社有限公司出版发行
地址：北京市朝阳区百子湾东里A407号楼　邮政编码：100124
销售电话：010—67004422　传真：010—87155801
http://www.c-textilep.com
中国纺织出版社天猫旗舰店
官方微博 http://weibo.com/2119887771
北京通天印刷有限责任公司印刷　各地新华书店经销
2025年7月第1版第1次印刷
开本：710×1000　1/16　印张：12.5
字数：142千字　定价：49.80元

凡购本书，如有缺页、倒页、脱页，由本社图书营销中心调换

前言

世界上，芸芸众生，每个人都有独特的性格，因而表现出自身的独特个性。进入青春期，青少年开始了身心快速发展的关键时期，在此期间，他们的身体快速发育，接近成熟，且心智和性格也渐渐成型，形成明显的性格特征。在青春期，青少年要关注自身的性格发展，认识到自身的性格特征，这样才能有意识地培养性格中更好的一面，完善性格中不好的一面，从而使自己积极向上，阳光开朗。

对于很多人而言，性格仿佛是每个人不为人知的密码。事实的确如此。性格，既能够外在表现为每个人的言行举止，也能够隐藏在每个人的内心深处，一个人甚至很难了解自己真正的性格。正是因为如此，不管是父母还是孩子都有必要阅读本书。父母阅读本书，能够通过孩子的外在行为和表现，洞察孩子的内心，剖析孩子的性格；孩子阅读本书，能够更加深入全面地认知自己，从而帮助自己完善性格，发展人格，也成为更优秀更理想的自己。

现实生活中，经常有父母抱怨孩子一进入青春期，就仿佛变了一个人，不再像小时候那么听话懂事，总是与父母针锋相对。其实，这并非孩子故意忤逆父母，而是在进入青春期之后，他们的自我意识觉醒，更加迫切地渴望摆脱父母的管教和约束，也想要证明自己具备独立的能力。正因如此，亲子相处出现矛盾，一方面父母想要继续管教和控制孩子，另一方面孩子想要真正走向独立。然而，青春期孩子尽管身体快速发育，渐渐成熟，身形上甚至接近成年人，但是他们的心智发育并不成熟，又因为缺乏人生经验，所以他们依然在很多事情上需要父母的引导和帮助。为此，不仅亲子关系陷入矛盾和冲突中，孩子还面临着内部的冲突，即趋向成熟的身体和依然稚嫩的心智之间的矛盾与冲突。这使得青春期孩子很容易情绪波动，时而情绪亢奋，精力充沛，时而情[绪]低落，萎靡不振。唯有深入了解青春期孩子的身心发展状态，父母才能与时[俱]进地更新教育的观念，改变教育孩子的模式，从而友好地与孩子相处。对[孩]子而言，也要认识到自身情绪波动的生理基础和行为表现，才能帮助自己改善情绪状态，这是有助于发展和完善自身性格的。

青春期，不仅是孩子发展和完善性格的关键时期，也是培养其人生观、价值观和世界观的关键时期。可以说，青春期的成长状况将会影响孩子的人生。心理学家经过研究发现，那些能够顺利度过青春期的孩子心智更成熟，在进入社会生活之后也会表现得更好。然而，孩子的性格并非只有内向与外向之分，即使同样作为内向性格或者外向性格的孩子，他们的具体行为表现也是不同的。性格的发展和形成需要漫长的过程，也受到很多因素的综合作用和影响。因而，我们不能片面地看待孩子的性格，而是要结合诸多要素透彻分析，才能引导孩子形成更好的性格。

心理学家认为，每个人的性格既取决于先天因素，也取决于后天的成长。这意味着孩子哪怕天生性格有不足，也可以通过后天的成长得到完善。毋庸置疑，原生家庭对于孩子的人生有至关重要的影响，父母的陪伴、教育更是会在很大程度上塑造孩子的性格。有人说，性格决定人生，由此可见性格对于人生的重要性。在漫长的人生道路上，每个人要想创造美好的未来，要想收获充实的人生，就必须牢牢把握性格，培养良好的性格，使性格助力开辟人生的广阔天地。

本书既分析了青春期孩子不同类型的性格，也结合心理学知识阐释隐藏在性格背后的深层次心理原因，唯有如此才能做到鞭辟入里，有的放矢地帮助孩子们解决成长中的各种烦恼和困惑，也帮助孩子们健康快乐地奔赴未来，抵达山海。

编著者

2024年1月

目 录

01 第一章
初识性格，揭开性格的秘密　　001

什么是性格　003
性格具有层次性　006
影响性格的因素　009
言行举止能够体现性格　012
性格与颜色的小秘密　015
性格与心理　018
快乐是生命动力的源泉　021

02 第二章
外向性格，热情似火也要适可而止　　025

外向性格的魅力　027
面对挫折，百折不挠　029
有安全感，内心笃定　032
不从众，做好自己　035
即使不被认可，也要坚持去做　038
谨言慎行，凡事三思而后行　041
学会独处，享受一个人的时光　044
韬光养晦，才能厚积薄发　047

外向性格之优劣势分析　050
切勿强求自己外向　053

03 第三章
内向性格，
焦虑不安勿忘突破自我　057

什么是内向性格　059
真内向与假内向　062
内向青少年面临的情绪问题　065
内向焦虑　068
向朋友敞开心扉　071
不要太敏感　074
对世界满怀希望　078

04 第四章
积极性格，
性格是先天因素与后天养成共同作用的结果　081

性格是遗传的吗　083
诚信，是立足人世的品格基石　086
善良，是源自心底的力量　089
慷慨，竭尽所能地帮助他人　092
勇气，让青少年努力向上蓬勃生长　095
坚韧，即使面对挫折也绝不放弃　098
自尊，才是真正的个性　102
自律，才能战胜一切诱惑　105
谦逊，源自强大的内心　109

目录

感恩知足，才能拥有充实的人生　112
放下，获得真正的自由　115
希望，铸就永不放弃的人生　118
博大，让人生海纳百川兼容并包　121

05 第五章 青少年的九型人格　125

完美型人格要允许自己犯错　127
助人型人格要先爱自己　130
成就型人格要控制欲望　133
自我型人格要脚踏实地　136
理智型人格要学会表达　139
忠诚型人格要减少忧虑　142
活跃型人格要坚持努力　144
领袖型人格要倾听他人的意见　147
和平型人格要冲出安逸区　150

06 第六章 对青少年性格的深入认知与理性分析　153

父母希望孩子听话的心理原因　155
听话的孩子的性格特质　158
不听话的孩子的性格特质　162
心理因素对是否听话的影响　166
听话与不听话的矛盾　170

青少年的性格假面具　173
外向的孤独者　176
内向的积极者　179
被压抑的抑郁情绪　182
青少年为何表现出浮夸的自信　185
青少年为何不服从管教　188

参考文献　191

01

第 一 章

初识性格，
揭开性格的秘密

Personality Psychology

什么是性格

常言道,性格决定命运,这句话有一定的道理。那么,性格为何会对命运有着决定性作用呢?要想解答这个问题,我们需要深入了解性格,见识到性格的威力,也能抓住青春期这个关键时期,培养孩子良好的性格。

进入青春期,孩子的身心进入快速发育阶段,尤其是身体发育,在短短几年中,孩子的身形已经接近成人,甚至超过父母的身高。和身体发育的速度相比,孩子心理发育的速度略显滞后。这使得孩子陷入矛盾状态,一则迫不及待想要摆脱父母的管教和约束,获得真正的自由,以证明自身的能力;二则无法独立思考和解决很多重要的问题,而必须依赖父母提供合理的建议和有效的帮助。为此,很多孩子都感到焦虑不安,对父母若即若离,与父母的关系也剑拔弩张。

古人云:"江山易改,本性难移。"充分说明性格一旦形成,就很难改变。因此,父母要抓住青春期,塑造孩子的性格与品质。青春期是孩子形成成熟的人生观、世界观和价值观的重要时期,这些观念是人生的基石,既能够奠定人生的基础,也能够决定人生的发展方向。现实生活中,很多父母尤其重视孩子的学习,想方设法帮助孩子赢在起跑线上,唯独忘记了孩子必须先成人,才能成才。有些孩子虽然在学习方面表现得出类拔萃,但品行恶劣。

性格不同的孩子，对待很多事情的态度和行动都是不同的。例如，在青春期，孩子们正处于初高中的学习阶段，面对繁重的学习任务和巨大的学习压力，老师和父母常常劝说孩子"书山有路勤为径，学海无涯苦作舟"，以此激励孩子提振信心和勇气，坚持不懈地努力。对于这样的督促和鼓励，那些性格积极、人生态度乐观的孩子，往往会感受到内心的力量，也能预想到自己只要坚持不懈，未来一定能够有所收获。但是，那些性格消极、人生态度悲观的孩子，则不管听到怎样振奋人心的话都颓废沮丧，压根不愿意采取任何行动改变现状。无疑，孩子们的表现之所以相差悬殊，是因为他们有着截然不同的性格。

从心理学的角度来说，性格本质上是人格特征，每个人通过面对现实生活稳定的态度，以及表现出来的习惯化行为方式呈现出自身的性格。由此可见，态度和行为方式是重要的性格特征。**从静态的角度分析性格，可以把性格分为四个重要的组成部分，即态度特征、情绪特征、理智特征和意志特征。**一般情况下，性格的核心是态度特征。

在现实生活中，常常有些父母抱怨孩子懒惰，殊不知，孩子并非故意犯懒，而是性格因素决定的。当看到别人家的孩子勤奋刻苦，在学习上出类拔萃时，父母难免羡慕。实际上，从性格结构的角度进行分析之后，父母就不会片面地给孩子贴上勤奋或者懒惰的标签了。因为懒惰和勤奋其实是性格特质的不同表现，并非孩子故意偷懒，或者刻意表现的结果。

那么，为何说态度特征是性格的核心呢？这是因为态度特征决定了人如何与他人相处，又是如何在社会生活中创造价值的。从某种意义上来说，不同的孩子之所以对学习有着截然不同的态度，恰恰是因为他们的态度特征不同。如果仅仅以态度特征作为标准进行考核，那么就会发现态度特征在很大程度上

第一章
初识性格，揭开性格的秘密

决定了每个人的主观态度，也使每个人拥有了不同的人生收获。

所谓情绪特征，就是个人受到自身情绪影响的程度，以及因为被激发起某些情绪而发生的行为改变。所谓意志特征，即一个人自觉调节自身行为的特征，通常体现为果断性、自制性、坚韧性和自觉主动性等。理智特征，即人们在进行认知活动的过程中表现出来的性格特征。很多父母都发现孩子特别有主见，甚至有些固执，不愿意改变自己，这就是理智特征的体现。有些孩子则会不假思索地采纳他人的意见，或者是盲目地追随他人。

小贴士

总之，性格不同的孩子有完全不同的表现，而性格构成不同的孩子受到各种因素的综合作用和影响，会有所差别，甚至相差悬殊。对于青春期孩子而言，他们在态度上、情绪上、意志上和理智上的很多综合素质，最终使他们做出了不同的行为，也收获了不同的结果，描绘出独属于自己的人生画卷。

性格具有层次性

在形容孩子的性格时，我们往往对孩子的性格进行归类，或者描述得太过简单。例如，我们发现某个孩子有些害羞，因而认定他会有退缩行为；我们发现某个孩子性格外向，因而认定他活泼开朗，不会怯场；我们发现某个孩子说话做事情都慢吞吞的，就断定他性格内向，胆小怯懦。这样的性格评判对于孩子而言太过片面，事实证明，很多人身上并非单纯地体现出某种性格，而很有可能同时存在不同的性格，这些集中于某个人身上的不同性格还有可能是对立的。

在很多婚恋节目中，单身的男孩和女孩在寻找人生伴侣时，会提出要找与自己性格互补的，或者是与自己性格相似的。既然没有血缘关系的人之间可以有互补或相似的性格，那么从遗传的角度来说，父母很有可能把彼此对立的性格遗传给同一个孩子。举例而言，在一个家庭里，如果父亲是成熟稳重的，更倾向于理性，而母亲则是活泼开朗的，更倾向于感性，那么孩子的性格将会如何呢？孩子也许会较多遗传父亲的性格，也许会较多遗传母亲的性格，还有可能既像父亲又像母亲，结合了父亲和母亲的性格。

此外，在成长的不同阶段，孩子的性格是会发生变化的。例如，有些孩子小时候特别外向，每时每刻都说个不停，但是在进入青春期之后仿佛变了一个人似的，常常一整天都不愿意说话，更不会主动与人搭话。再如，有些孩子小时候性格急躁，说话如同连珠炮，做事情马虎冲动，但是长大之后却变得非常稳重，不管时间多么紧迫都不急躁。这一方面是因为孩子的隐性性格特点随着不断成长得以呈现，另一方面是因为孩子在不同的成长阶段会发生变化，也会随着人生阅历的增长而变得周到、慎重。即使在同一时期，很多孩子也会表现出完全不同的性格特点。例如，他们在日常生活中做事情很温吞，但是对待学习却效率很高，争分夺秒。还有些孩子在家庭生活中特别磨蹭拖延，总是把自己的房间弄得一片凌乱，但是在学校里却成为卫生标兵，不但把自己的书桌整理得干净清爽，而且把自己的宿舍也整理得井井有条。对于这样的孩子，我们是该说他们懒惰拖延呢，还是该说他们精明强干呢？**要想中肯地评价孩子，我们就要杜绝给孩子贴标签的行为，要看到孩子对待不同事情的具体表现，从而给予孩子更贴切的评价。**

对于那些表现得富有变化的孩子，我们无法断定他们是落落大方还是害羞胆怯，是悲观绝望还是乐观且充满希望，是胆小畏缩还是勇敢坚强，是勤奋刻苦还是懒惰拖延，是雷厉风行还是犹豫不决。在这种情况下，挖掘孩子的深层性格和核心特质就很有必要。

孩子进入青春期后，很多父母都对孩子感到陌生，认为孩子变得连父母都不认识了。其实不然。青春期孩子之所以表现得和童年阶段截然不同，是因为他们在童年阶段因为身心发展的特点和成长所处的阶段，也受周围环境中的人和事的影响，所以很容易表现出相关的特征。例如，幼儿因缺少经验常表现出初生牛犊不怕虎的勇气，为此父母断定孩子很勇敢，其实不然。真正的勇敢是明知山有虎，偏向虎山行，而幼儿却可能压根没有意识到危险的存在。而在进入青春期之后，孩子的认知能力得到提升，人生经验也越来越丰富，所以就能够预判某些行为或者举动是否会导致危险，因而管好自己，杜绝莽撞。正因如此，父母才会抱怨孩子越是长大，越是胆小，反而没有小时候勇敢了。

小贴士

总之，要想全面认识孩子的性格特质，就要坚持深入且全面地观察孩子的行为举止。进入青春期之后，很多孩子都会进行自我反省，当意识到某种性格特质限制和阻碍了自身发展，他们就会有意识地调整心态，积极地发现性格的短板，以避免被性格限制成长。

影响性格的因素

进入青春期，很多孩子开始反思自身，也会以各种方式分析自己的性格特征。有些孩子认为自己的性格很好，有些孩子则不喜欢自己的性格，因而试图做出改变。那么，性格的形成受到哪些因素的影响呢？只有明确了这个问题的答案，我们才能通过改变影响性格的因素来完善性格。

在现实生活中，很多父母都会评价某个孩子的性格好，总是能与人打成一片；某个孩子的性格不好，特别孤僻，见到谁都不愿意说话；某个孩子自律能力很强，对待每一件事情都很认真；某个孩子自由散漫，拖延成性，不管做什么事情都要等到最后一刻才仓促完成。总之，人与人之间性格相差很大。正如一位名人所说的："世界上从没有两片完全相同的树叶，更没有两个完全相同的人。"这里所说的人人不同，主要指的是性格。和容貌相比，性格是每个人更加鲜明的印记和特征。

性格一部分取决于先天因素，另一部分取决于成长环境。**毋庸置疑，原生家庭不但在很大程度上塑造了孩子的性格，而且在很大程度上影响着孩子的一生**。具体来说，原生家庭对于塑造孩子性格的作用体现在很多方面，诸如，父母本身的性格会影响孩子先天性格的形成，父母对待孩子的态度和教育孩子的方式方法也会影响孩子性格的形成。此外，父母之间相处的模式，父母与他人相处的模式，都会影响到孩子。有人说，在家庭教育中，父母的身教作用大于言传，这是很有道理的。**家庭教育正是以父母言传身教的方式潜移默化着孩子，所以明智的父母首先要当好孩子的榜样。**在教育孩子的过程中，一旦发现孩子在某些方面的表现不如人意，父母先不要急于指责孩子，而是要先反思自身是否对孩子起到积极的影响作用。正如人们常说的，父母是孩子的第一任老师，孩子是父母的镜子。当看到孩子表现出来各种问题，父母必须积极地反思自身，要通过孩子的表现看到自身的不足，这样才能带领孩子一起改进不足，弥补缺点。

周一早晨，家里又陷入了忙乱之中。小伟坐在马桶上，声嘶力竭地冲正在他的房间里手忙脚乱找英语书的妈妈喊道："妈妈，找到了吗？快点儿啊，我要迟到了。你怎么这么慢啊！"妈妈听到小伟的语气里充满了不耐烦，不由得愣住了，原来，她平日里正是这样催促小伟的。妈妈原本想责怪小伟，转念一想：孩子是父母的影子，只是批评小伟怕是不能解决问题，最重要的是我作为妈妈必须改变对孩子说话的方式和态度，这样才能潜移默化地影响孩子。

这么想着，妈妈没有抱怨和责怪小伟，而是柔声说道："小伟，别着急，我相信很快就能找到英语书。我建议你，下次写完作业就把书本放在书包里，这样周一的早晨就不会这样慌张了，自然也就不会迟到了。"听着妈妈温柔的话语，小伟意识到自己的语气很不好，沉默片刻，才对妈妈说："妈妈，谢谢你帮我找英语书，都怪我没有及时收好英语书。"妈妈拿着好不容易找到的英语书冲着小伟会心一笑。此后，妈妈有意识地改变对小伟说话的态度和语气，果不其然，小伟渐渐地不再冲着妈妈大喊大叫，更不会动辄责怪妈妈了。

很多父母都没有意识到,孩子总是牢骚满腹,怨声连连,歇斯底里,大喊大叫,这是在学习父母的样子。所以一旦意识到孩子说话的语气不好,父母切勿急于批评孩子,而是要先反思自己是如何对孩子说话的。在成长的过程中,几乎所有的孩子都会受到父母的影响,他们不仅说话做事越来越像父母,就连脾气秉性也越来越像父母。

从这个意义上来说,<u>**父母首先要进行深刻的自我反思,认识到自身性格的优势和劣势,才能扬长避短对孩子施加积极的影响**</u>。除了自身的性格会对孩子产生影响外,父母对待孩子的态度也会对孩子产生影响。有些父母始终坚持赏识教育,总是表扬和夸赞孩子,那么孩子就会变得越来越自信,充满勇气,愿意去尝试更多新鲜事物。反之,有些父母动辄批评和打击孩子,常常贬低挖苦和讽刺孩子,这必然导致孩子缺乏自信,陷入自卑的泥沼中无法自拔,也就会出现畏缩和退却的行为。

> **小贴士**
>
> 总之,性格既受到遗传因素的影响,也受到后天生活环境的影响,尤其是会受到父母的影响。父母既要坚持身体力行地对孩子施加积极的影响,也要坚持以正确的教育方式塑造孩子的性格。古时候,孟母三迁,就是为了给小小年纪的孟子提供良好的成长环境和学习环境。作为现代社会的父母,则更要致力于培养孩子独立自主、自强自立的性格。

言行举止能够体现性格

每个人都具有社会性，都要融入社会生活才能实现自身的价值，创造属于自己的人生。在人格特质中，性格具有典型的社会属性，因而会表现在人的行为举止中。不管是有组织地进行语言表达，还是随机地与身边的人聊天，抑或是在不经意的状态下呈现的面部表情和肢体动作，都能不同程度地表现当事人的性格。

在日常沟通中，人与人之间主要依靠语言沟通交换信息，在进行语言沟通时，表达者还会根据沟通的时机、沟通的对象、沟通的内容和状况等，呈现出不同的面部表情。作为倾听者，只要认真观察，用心倾听，就能据此了解对方的性格特征，从而更加深入地洞察对方的内心。

说话的声调中蕴含着丰富的信息。 例如，那些外向性格的人往往热情似火，具有强烈的表现欲，也总是过于自我认可与自我欣赏，总之他们自我感觉良好，所以常常高声表达，大声喧哗，唯恐他人听不到他们的声音。那些内向性格、成熟稳重的人则语调平稳，哪怕急于表达清楚一件事情，他们也不会失控地大喊大叫，更不会歇斯底里。在说话时，前者的面部表情往往特别夸张，而后者的面部表情则相对平静。例如，内敛或者胆小害羞的人，说话的时候不敢直视他人，越是面对陌生人，越是表情僵硬；外向或者热情大方的人，说话的时候表情丰富，社交能力更强。

除了语调和面部表情能表现出性格特征外，行为同样能表现出性格特征。具体来说，行为包括与人握手的方式、站立的姿势、走路的姿势、坐的姿势，等等。在现代生活中，握手作为基本的社交礼仪是很常见的，尤其是对于成年人而言。对于青少年来说，尽管在日常的生活与学习中很少与人握手，但是在结交新的朋友或者是新的同学时，他们还是会以握手的方式表示友好的。心理学家认为，握手的方式能够表现出人的性格特点。例如，性格沉稳、认真严谨的人会力度适中地与人握手，与此同时注视着对方，试图与对方进行眼神交流；只用一只手与对方握手，而且蜻蜓点水般握住马上就松开的人，则生性淡漠，只是出于礼节才与人握手，涉嫌敷衍了事；握手时用双手紧紧握住对方一只手、长久不愿意松开的人性格开朗，待人热情，很喜欢结交新朋友，也往往能够真诚地对待他人，慷慨地帮助他人；那些充满自信的人喜欢使劲握住对方的手掌，表现出坚毅果敢的性格特征，通常具有领袖风范，具有很强的组织能力和领导能力。总之，不同性格的人在握手时有不同的表现，青少年既要通过握手了解他人的性格特征，也要通过握手表现出自己的性格特征。

如果说与人握手的机会很少，那么站立的姿势、坐的姿势和行走的姿势等则随时随地都能体现人的性格。细心观察的孩子会发现，身边的每个人都有独特的站立、行走和坐的姿态。有些人不管是坐着还是站立，姿态都很端正，真正做到了坐如钟、站如松、行如风。那么无须多问，这样的人很有可能是现役军人或者是退役军人。如果只是普通人，那么他们一定性格严谨，行为端庄。反之，有些人不管是坐着还是站着，抑或是走着，姿态都很灵活多变，且以自己感到舒适为标准。例如，他们常常"葛优躺"，站立的时候喜欢稍息或者是倚靠在某些东西上。走路时，他们不能保持挺胸收腹，而是随意地驼背凸肚等。这样的人生性自由散漫，不愿意接受纪律的约束，往往缺乏自控力。

小贴士

不同的姿态表现出人不同的性格,青少年要通过细致的观察深入了解他人,也要通过走路、站立和坐着的姿态表现自身的性格特征。

性格与颜色的小秘密

现实生活中，每个人的性格都是与众不同的，有人积极乐观，有人热情似火，有人冷漠孤僻，有人稳重内敛，有人冲动暴躁，有人波澜不惊，等等。**不同性格的人有着不同的行为表现，对于颜色也有自己独特的偏好。反过来看，我们可以通过自身喜欢的颜色了解自己的性格，也可以通过了解他人对颜色的喜好，分析他人的性格特点。**

每个人都有喜欢的颜色，其实，这不仅是对于颜色的偏爱，也能表现出自身的性格特征。有心理学家通过研究色彩与人的性格发现，那些喜好相同颜色的人，在性格方面也表现出一些共同的特征。为此，有人以颜色定义性格，把喜欢红色的人定义为红色性格，把喜欢蓝色的人定义为蓝色性格，把喜欢黑色的人定义为灰色性格，等等。当然，颜色多种多样，我们无法细致地区分喜欢所有不同颜色的人具有的性格特征。接下来，我们要分析那些喜欢特定颜色的青少年的性格特征，以帮助他们更好地进行自我认知。

很多人都喜欢红色，尤其是那些充满热情的青少年，更是对红色怀着深深的热爱。**红色，代表着积极主动，代表着热情似火。**每当说起红色，我们的脑海中马上就会出现很多与红色关系密切的事物，例如灼热的火焰、鲜艳的红领巾、高高悬挂的大红灯笼、喜庆的婚礼，等等。在中国，红色常常与喜庆事件联系起来，给人带来更多的希望和热情。从性格色彩的角度分析，红色既代表热情，也代表危险。例如，每当发生欢天喜地的事情或者是时逢盛大的节日时，中国红总是让人眼前一亮；每当发生危险的事情时，红色也会作为警示标识独有的颜色，令人当即产生充分的重视。喜欢红色的青少年往往是热情的，也充满旺盛的生命力和无限的活力。

从物理角度来说，红色是最容易被看到的颜色，哪怕是在昏暗的环境中，我们也很容易看到红色。从心理学的角度来说，红色仿佛凝聚的火焰，具有容易觉察的强烈刺激性，它无声地燃烧着，沉默地点燃了人们内心的火焰。为此，<u>红色具有很强的感染力，能够把热情、开朗等力量传递给身边的人。</u>正是因为如此，在喜庆的日子里，人们才倾向于穿着红色的衣服，以感染身边的人，也与身边的人一起营造和谐热烈的气氛。当然，红色并非只代表积极的情绪和正面的特征，也在一些特殊的情况下被认定是负面特征和情绪的代表。例如，红色代表着紧张、愤怒、冲动、暴躁等情绪。很多机械在爆发严重的故障时，显示屏上就会出现红色的警示标识，以引起操控者的注意。再如，老师给孩子们批改作业或者试卷，也会以红笔提醒孩子们注意哪里做错了，需要订正；哪里有疑问，需要更认真细致地思考。

很多青春期孩子喜欢红色，因为红色恰如他们的性格热烈纯粹，也有些青春期孩子不喜欢红色。他们更喜欢偏冷的色调，诸如绿色、蓝色。和热情似火的红色相比，绿色是大地生机盎然的颜色，蓝色则是海洋和天空的颜色。

<u>喜欢绿色的青少年往往追求和平，积极乐观，温暖平和，又朝气蓬勃。</u>他们仿佛风雨中的野草，那么努力地生长，始终心怀希望。他们坚持上进，却不喜欢激烈的竞争；他们认真地做好每一件事情，性格谦逊，很有礼貌。如果说绿色是养眼的颜色，能够缓解视觉疲劳，那么喜欢绿色的孩子则能给人带来

愉悦的感觉，让人愿意与他们亲近和相处。

和喜欢绿色的青少年不同的是，**喜欢蓝色的青少年往往稳重内敛、心胸宽广，而且富有智慧**。他们内心平和，不管是对于生活，还是对于学习，他们都能笃定做好自己，以自己的节奏坚持进取。他们具有很强的独立性，为人处世低调内敛，却不会盲目从众，更不会随波逐流。喜欢蓝色的青少年不太善于表达，很喜欢独处，而不喜欢在喧嚣热闹的环境中逗留。

喜欢黄色的青少年充满活力，积极乐观，对新鲜事物充满好奇，也愿意积极地尝试各种新鲜事物。他们仿佛天生具有娱乐精神，也拥有强烈的好奇心；他们风趣幽默，是大家公认的开心果。喜欢橙色的青少年特别温暖，因为他们所喜欢的橙色是暖色系中最令人感到温暖的颜色。橙色既像阳光，也像是美味的水果，还象征着幸福与爱。喜欢橙色的青少年精力充沛，乐于助人，而且温柔强大，坦率真诚。

小贴士

除了大多数青少年都喜欢的红色、黄色、绿色、蓝色和橙色外，还有些青少年喜欢纯洁的白色、庄重的黑色、神秘的紫色和有韵味的灰色，等等。每种颜色都能表现出孩子们的性格特征，也能帮助孩子们更深入地了解自己和他人。

性格与心理

对于自卑，人们的评价分化为两极，有人认为孩子会因为自卑而表现得特别顽皮，仿佛通过这种毫不费力的方式吸引他人的关注是莫大的成功；也有人认为孩子会因为自卑而爆发出超强的潜力，所以特别关注自己的目标，也总是加倍地努力，恨不得把所有的时间和精力都用于实现目标。显而易见，这两种类型的孩子都受到了自卑的伤害，但是他们最终得到的结果却是完全不同的。前者遭人厌弃，后者则最终如愿以偿地实现了人生理想，也证明了自己的能力。

如果说自卑作为主导心理出现在这两种孩子的心中，那么为何这两种孩子会有截然不同的表现呢？

因为自卑，有些孩子选择加倍努力，哪怕遭遇重重坎坷与挫折，也绝不会轻易放弃，因为他们知道自己只有拼搏这一条道路可走；因为自卑，有的孩子选择彻底"躺平"，因为他们对现状和未来感到绝望，认为自己不管多么努力都无法改变命运的安排。 不得不说，正是自卑的驱动，使得他们性格中的某种特质占据主导位置，也使他们表现得截然不同。在相同的家庭中，有些孩子因为原生家庭不幸而沉沦，有些孩子却因为原生家庭不幸而更加追求幸福生活。

不可否认的是，每个人的内心深处都有强大的潜能，而能否激发出潜能、发挥创造的力量，则要因人而异。有些人被苦难毁灭，有些人却在苦难中涅槃重生。**从心理学的角度来说，压力能够激发人内心的需要，使人为了满足自身的需要而爆发出无限潜能。但是，压力也有可能成为致命的打击，使人一蹶不振，灰心丧气。**举个简单的例子来说，在一个杂乱的房间里，如果并没有适当的压力，那么我们的行为不会受到秩序需要的影响，前提是我们的秩序需要并不强烈。如果我们的秩序需要特别强烈，也急需得到满足，那么我们根本无法忍受哪怕只是略微有些凌乱的房间，因而我们会当机立断开始整理杂物，收拾房间，直到整个房间看上去很顺眼为止。

对于青少年而言，性格与心理之间的关系是微妙的。对于那些有严重拖延症的孩子来说，加快速度穿衣服是需要勇气和力量的，因为他还没有做好充分的心理准备，所以无法应对点点滴滴的压力。例如，他们越是拖延，越是感受到巨大的心理压力，而心理压力反过来又加重了他们的拖延行为。要想从根本上改变拖延，就要改善性格，以改善心理感受。换言之，只有当青少年不再觉得加快速度穿衣服是一件痛苦的事情，他们才会当即采取行动，缓解心理压力，缓解拖延。现实生活中，很多人都借助加快速度采取行动的方式，让自己变得勇敢坚强，充满力量。例如，有些人走路大步流星，不给自己后悔和拖延的机会，就以最快的速度到达了终点。当长期坚持这么做，他们渐渐地就能调整好心态应对很多情况，也循序渐进地完善性格。

很多青春期孩子之所以与父母爆发冲突，是因为父母不懂得尊重他们，没有给予他们自主决定的机会，更没有真正用心地了解他们的脾气秉性，还会忽略他们的内心需求。其实，父母所认为的幸福未必是孩子想要的幸福，父母给予孩子的一切未必是孩子想要的。

小贴士

　　父母要认识到孩子的需求是有层次的,孩子的性格也是很独特的,这样才能真正了解孩子的性格和心理,也才能融洽地与孩子相处,让孩子的需求得到满足。从自身的角度来说,青少年要学会与父母沟通,搭建亲子相处的桥梁,从而消除误解,增进亲子感情。

快乐是生命动力的源泉

很多父母都自诩最爱孩子的人,其实不然。不可否认的是,有些父母一旦看到孩子高兴得忘乎所以,就会马上产生破坏的欲望。他们或者给孩子泼冷水,让原本兴高采烈的孩子一瞬间蔫头耷脑,或者板起面孔训斥孩子,责怪孩子没有把所有的时间和精力都用于学习,还会把孩子与别人家的孩子比较,以打击和贬低孩子;或者给孩子布置课外作业,让孩子完成很多额外的作业,想要抱怨和反抗又不敢说,只能委屈和压抑自己。那么,父母为何要这么做呢?

从理智的角度来说,父母的确希望孩子开心快乐,但是从现实的角度来说,父母却无法真正感受孩子的快乐,更不能对孩子的情绪感同身受。正是因为如此,**当父母的心理状态与孩子的心理状态不对等,且孩子的快乐无法感染父母时,父母就会对孩子冷言冷语甚至恶言恶语,仿佛这样就能降低自己不快乐的感觉。**

现代社会,很多父母都处于教育焦虑状态,他们恨不得把孩子变成学习的机器,让孩子把每分每秒都用于学习。基于这样的心态,一旦看到孩子情绪高涨,眉开眼笑,他们就会主观地认为孩子没有认真学习,而是把宝贵的时间用于玩乐,也会当即断定孩子不该处于现在的欢乐状态,而应该处于奋笔疾书、忘我学习的状态。望子成龙、望女成凤的父母,当即就会给孩子敲响警钟，而丝毫没有想到他们是在给孩子泼冷水，让孩子扫兴。人与人之间，即使亲如父母和孩子也无法做到感受互通，这就要求父母要尊重和理解孩子，也要关爱与呵护孩子敏感的心。父母尤其需要调整对孩子的期望，切勿过高期望孩子，给予孩子过大的压力。要知道，大多数人都是普通且平凡的人，当父母怀着平常心对待孩子的学业和成长，也就能怀着宽容心接纳孩子，陪伴孩子。

当父母因为孩子的学习问题感到焦虑，不能分享孩子的快乐，而孩子又没有感受到父母的焦虑，无法同步回应父母的情绪，那么父母与孩子之间就会发生矛盾，甚至爆发冲突。很多父母依然对青春期孩子采取强制手段和高压政策，仿佛从情绪上压制孩子是莫大的成功。为此，他们不由分说地命令孩子必须当即学习，或者练习演奏钢琴，或者阅读父母指定的书目，或者做其他父母认为可以称得上是努力的事情，而忽略了孩子真实的情绪和感受，也无视孩子的真正需求。这将使父母与孩子之间越来越疏远，亲子之间形成了无法逾越的鸿沟。

如今，越来越多的孩子因为不堪承受学习的巨大压力，也可能因为始终得不到父母的尊重和理解，而出现了各种心理问题，甚至选择轻生。在孩子采取这样的极端手段之前，父母或者浑然不知，或者视若无睹。他们总认为孩子还小，具有很强的可塑性，即使不开心也只是暂时的。父母的想法没错，错在忽略了沉重且残酷的现实。**对于孩子而言，快乐的确应该是生命的主旋律，只可惜他们的生命被绝望和窒息充斥着，这使他们根本没有机会感受和享受快乐**。作为父母，最大的成功不是养育出多么才华横溢的孩子，而是养育出热爱生命、活出真实自己的孩子。很多孩子从幼儿园开始就在父母的安排下一路高歌猛进，直到考入理想的大学。但是，进入大学之后他们感到迷惘和无助，不知道自己接下来要如何行走人生之路。他们变成了空心人，失去了父母为他们制定目标,也失去了父母的持续性激励,他们茫然不知所措,虚度大学时光。也有些孩子一直都被父母严格地管教和约束,在进入大学之后仿佛是断了线的风筝自由自在,不是沉迷于游戏,就是沉迷于恋爱,最终无法顺利大学毕业。

充实、愉快,应该成为人们的生活目标。父母固然要激励孩子,却不要全权代劳为孩子做好所有的安排。真正爱孩子的父母会为孩子计深远,他们会以引导的方式让孩子自主制定目标,也会以激励的方式让孩子产生进步的动力。对于父母而言,没有人能帮助孩子铺好人生的道路,唯有助力孩子养成良好的性格,以积极乐观的心态面对生命中的艰难险阻,孩子才能以强大的内心应对万变的人生。

小贴士

快乐,是一种心理能量,能激发孩子的潜能,让孩子保持活跃的状态。明智的父母始终致力于培养孩子的快乐心,而在成长的过程中,孩子也要更主动地感受快乐,寻找快乐的踪迹。

第二章

外向性格，
热情似火也要适可而止

Personality Psychology

外向性格的魅力

外向性格有两种，一种是心理学意义上的外向性格，另一种是被他人认定的外向性格。那么，这两者有什么区别呢？前者具有外向性格的特点，诸如乐观开朗、热情友善、落落大方、善于表达，等等。在现实生活中，他们表现出来的并非这些外向性格者的标签，而是更加具体生动的特点。例如，他们很健谈，喜欢结交新朋友，也能做到主动与陌生人搭讪；他们善解人意，常常设身处地为他人着想，也能理解他人的苦衷；他们乐于助人，一旦看到身边有人需要帮助，马上就会慷慨地伸出援手，在工作中也能发挥螺丝钉的精神，做好自己的分内工作；他们精力充沛，每天都花费大量的时间和精力学习，却从不叫苦叫累，更不会困倦得睁不开眼睛……从上述的评价不难看出，这些外向性格者具有很多显而易见的优点，而且他们生动鲜活，能够关注到很多细节，也做好微小的事情。

和这些外向性格者相比，后一种外向性格者在性格方面的表现是相同的，例如积极乐观，开朗大方，热情似火，善于沟通，等等。但是，他人对他们的评价是标签化的，大多数人会当即断定他们性格外向。从认知的角度来说，他们的确具备外向性格者的各种显著特点，但是，被他人评价为性格外向与参与性格测试得出性格外向的结果，是有着不同的。

前一类性格外向者表现出性格外向的副产品，诸如热情大方、性格开朗、待人友善、真诚坦率，等等。正因如此，他们的外向性格是生动的、具体的，没有以过强的自我表现力呈现出来，也没有以耀眼的情绪吸引力使其绽放，并且最终打造出外向的超强魅力。所以大多数人都不能对他们形成性格外向的整体印象。比起这种润物无声的性格外向，后者的性格外向则带有鲜明的指向性，也具有很强的标签意味，能够让人在刚刚与他们相处之际就断定他们拥有外向性格。

和前者相比，后者被冠以"性格外向"的称呼，是因为他们具有强烈的自我表现意识、获取意识、情绪主导意识，所以在人际关系中总是能够发挥主导性、主动性，也表现出支配环境的力量。**后者不是真正的性格外向，因为他们带有明确的目的性，也想要获得不可撼动的主导地位。前者才是真正的性格外向者，因为他们有着很强的包容性**，就像水一样包容万物，又表现出并不那么热切和强烈的情感需求，只等着顺其自然地得到满足。

真正的性格外向者令人愉悦，但是并不会散发出耀眼夺目的光芒。他们主动参与社交，主动表达对他人的友善和亲近，主动包容和理解他人。因而，真正的性格外向是一种性格表达，而具有超强表现力的性格外向则是一种能力。从这个意义上来说，性格外向不再单纯是肯定和褒奖，也有可能带有隐晦的贬低意味。即便如此，大多数人依然认为性格外向是优点，绝非缺点。

小贴士

作为青少年，当发现自己具有显而易见的性格外向特征时，不妨告诉自己要适可而止地热情，适可而止地主动，适可而止地积极。唯有如此，当与那些不擅长情绪外放的孩子相处时，才不会给对方带来喧嚣的压力。

面对挫折，百折不挠

心理学家经过研究发现，**孩子如果在童年时期受到了心理创伤，那么他们就会长久地受到负面影响，有些孩子直到长大成人依然无法摆脱心理创伤带来的阴影和伤害**。对于每个孩子而言，心理创伤是不同的。例如，台湾作家三毛在青春期受到一位老师的侮辱和打击，因而导致严重的心理创伤，产生了轻生的念头，不得不休学在家几年慢慢修复心理创伤。对于很多孩子而言，童年时期因为父母偏爱其他兄弟姐妹而遭到冷落，走亲访友的时候受到对方冷漠的对待，或者对老师、同学的某句伤人的话始终牢记于心，这些都是心理创伤的起源。

对于大多数孩子而言，他们尽管没有经历严重的心理创伤，却或多或少都曾经历过那些导致心理受到伤害的事情。例如，在很多多子女家庭里，大多数父母都标榜自己对待孩子从来不曾偏心，而残酷的事实却告诉我们，在众多孩子中总有一个孩子得到父母更多的关注和喜爱，这也就意味着父母很难做到绝对公平，也很难完全杜绝偏爱某个孩子的行为。对于孩子而言，父母偏心的影响极其深远。有些孩子哪怕已经长大了，成立了自己的家庭，依然无法忘记自己年少时曾被父母区别对待。也有些孩子从小就受到父母明目张胆的不公对待，例如他们被父母要求把所有好吃的好玩的都让给其他兄弟姐妹，哪怕被兄弟姐妹欺负了，父母也不会为他们伸张正义。这一切都不能影响他们深爱兄弟姐妹，因为他们始终牢记自己只有一个手足情深的兄弟姐妹。这样的孩子内心宽容豁达，和那些总是牢记父母偏心的孩子相比，他们更愿意原谅父母，与此同时也放过了自己。

从心理学的角度进行分析，我们可以把对伤害的感受分为两个组成部分，一个部分是伤害本身，另一个部分是受到伤害的人具有怎样的承受力和复原力。不可否认的是，不同的人面对相同的伤害，他们受到伤害的程度是不同的。有些人心思细腻柔软，仿佛一块正在融化的蜡，哪怕只是受到外部世界小小的力量都会留下深深的印记；有些人心思简单，内心强大，也很愿意宽容和原谅他人，这使得他们具有更强大的力量抵御伤害，也能够在受到伤害之后快速愈合。

和内向的孩子心思敏感细腻、善于掩藏自己真实的内心相比，外向性格的孩子心思单纯，喜怒哀乐都毫不掩饰，反而更容易消除伤害带来的负面影响。对于很多青少年而言，之所以会被一件事情长久地伤害，根本原因不是对方说了什么，而是他们自己什么也没说。换言之，他们气的不是伤害自己的人，而是自己为何没有当机立断进行反驳，或者进行反击。如果能够在事情发生的时候就以合理的方式宣泄负面情绪，表达对对方的不满，那么他们很快就会消除愤怒，恢复平静。

和性格内向的人相比，性格外向的人情绪来得更快，也更明朗。这种情绪就像是欢腾的溪流，哪怕受到石头、木头等阻碍，也会继续唱着歌儿向前奔腾。快速流淌的情绪仿佛过境的洪流，会带走我们内心深处的情绪垃圾。古人云，流水不腐，户枢不蠹，就是这个道理。

现代社会中，很多孩子之所以患上各种心理疾病，恰恰是因为他们长久地把负面情绪压抑在内心深处，使负面情绪不断反刍，最终反而严重地伤害了自己。由此可见，情绪宜疏不宜堵，这非常符合外向孩子的为人处世之道。

还需要注意的是，外向性格的孩子具有更强的抗挫折能力。尤其是在面对复杂的人际关系时，外向性格的孩子内心强大，意志力顽强，情绪之水始终在流淌不息，因而没有什么事情能够始终遮蔽他们的内心。他们很健忘，在不开心的事情发生之后没过多久，就把那些事情抛之脑后了。他们积极乐观，即使身处逆境，也能看到希望，也会始终坚持做好该做的事情，一步步地接近自己的理想彼岸。

小贴士

总之，外向性格的孩子面对挫折有着百折不挠的决心和勇气，正因如此，他们才能成为人生的强者，度过人生中的各种困境。

有安全感，内心笃定

外向性格的孩子内心笃定，更有安全感，所以通常不会因为外界的风吹草动就紧张焦虑。与他们相比，内向自卑、内心压抑的孩子则常常感到焦虑，尤其是当置身于陌生的环境中时，他们无法控制自己，更无法消除恐惧。很多心理学家都在研究内向性格和外向性格，**有心理学家提出内向的孩子更倾向于抑制自身的行为，也表现出更强烈的忧虑，因为他们的行为抑制系统更加活跃。**

那么，行为抑制系统活跃的具体表现是什么呢？例如，行为抑制系统活跃的孩子在进入新情境中时往往特别小心谨慎，他们密切关注周围的情况，捕捉一切有可能存在的危险信号，这样才能随时做好准备摆脱也许会给他们带来麻烦的困境。需要注意的是，抑制型孩子并不等同于性格内向的孩子。我们需要思考的，为何那些外向的孩子更勇敢，更大方，也更有胆识和气魄，所以他们即使进入陌生的情境，也能随遇而安，安之若素。

从心理学的角度来说，性格外向的孩子更有安全感，所以能够笃定做好自己，而不会因为外部世界的人和事情就盲目地改变自己，以迎合他人。

通常情况下，孩子们在初中阶段每天都回家住宿，而在进入高中阶段之后，因为高中的学习任务重，学习节奏紧张，所以很多孩子都选择住校。对于长久以来已经习惯了当家庭中心的孩子们，一旦离开家进入校园，开始集体住宿的生活，他们必然面临很大的挑战。有些孩子性格内向，在校园生活中感到无所适从，不知道自己如何做才能更好地与同学相处，为此他们选择独来独往，成为真正意义上的独行侠。可想而知，如果在青春期不能与同龄人打成一片，孩子该有多么孤独和寂寞啊。相比起这些内向的、自我封闭的孩子，那些外向开朗的孩子则更快地适应校园的集体生活。在班级里，他们和很多同学都建立了友好的关系；在宿舍里，他们和同寝室的舍友之间相互尊重，彼此理解，因而相处愉快。因为有了美好的人际关系加持，他们不再那么想家，也极大地缓解了学习的辛苦。这使他们的高中生活顺利拉开了序幕。

有人说，语言是思想的外衣。其实，每个人的外在表现也正是他们内心世界的呈现。一个人正是因为产生了心理活动，才会产生情绪，也才会表现出特定的行为。从这个意义上来说，我们通过观察确定他人的各种外在表现的差异，就可以确定他人的内心世界存在差异，而正是因为性格外向的孩子自我感觉良好，钝感力更强，所以他们并不会因为主观的设想就排斥和抗拒外部世界。由此可见，**接纳是性格外向的孩子消除恐惧的根本原因。**

外向性格的孩子并不那么敏感，这一点与抑制型儿童总是寻找周围环境中的危险讯号是截然不同的。性格外向的孩子以开放的态度接纳陌生的环境，他们与新环境之间并非对立的关系，他们更不会怀着挑剔和苛责的态度评判新环境。接受的力量超乎人们的想象，不但能够消除敌意，化解危险，还能与周围的人产生良好的互动，也建立友好的关系。由此一来，性格外向的儿童就与环境之间建立了积极的正循环，他们从环境中得到好的反馈，因而更加愿意敞开心扉和怀抱接纳外部世界。

小贴士

对于青春期孩子而言，与其在假想中抗拒外部世界的人和事情，不如调整心态，以开放包容的态度接纳一切。只有接纳，才能消除恐惧，也只有接纳，才能得到积极的反馈，得到理想的结果。

不从众，做好自己

每个人都渴望得到他人的认可，而忽略了最重要的认可来自于自己。在做一件事情时，如果孩子没有主见，因为得不到他人的认可就选择放弃，那么最终必然一事无成；如果孩子能够坚持主见，肯定自己选择的道路以及想要得到的结果，并且为此坚持不懈，那么即使失败也能汲取经验和教训，给自己增加资本。

在青春期，很多孩子不知道要如何做出选择，其实有一条重要的原则就是拒绝从众，坚持做好自己。人生就像是一场未知的旅程，当我们和很多人一起走到岔路口时，我们是选择和大多数人一样的道路，还是选择和大多数人不同的道路，坚定地走好自己的人生之路呢？在面对同一个问题时，我们是选择服从大多数人给出的答案，还是坚持自己的想法，绝不轻易妥协呢？从心理的角度来说，绝大部分人都渴望得到认同，因为他人的认同就是信心和勇气的源泉。在任何情况下，义无反顾地坚持真理掌握在少数人手中，并非一件简单容易的事情。对于正值人生好年华的青少年来说，既然还有很多机会试错，也有时间从头再来，那么就不要轻易放弃做自己。

在青春期，青少年的身心快速发育，性格也从稚嫩渐渐变得成熟。他们想象力丰富，思维敏捷，所以拥有自己的观点和主张。但是，他们人生经验匮乏，人生阅历更是少得可怜，这使得他们在面对很多问题时都会感到迷惘和困惑。为了验证自身的观点正确与否，为了义无反顾坚持自己认为正确的做法，青少年要杜绝从众，做好自己。

高一刚刚开学，学校特意邀请了一位有名的化学家开办讲座，并且把他的研究成果展示给同学们看。很多同学都没有如此近距离地接触过化学家，为此他们对于化学家的到来表示热烈欢迎。等到现场安静下来，化学家拿出一个透明的瓶子，仅从表面看来，这个瓶子里空无一物。但是，化学家煞有介事地告诉同学们："同学们，这个瓶子里装着一种特殊的无色气体。这种气体的密度比空气的密度大，因而哪怕打开瓶盖，它也不会挥发到空气中，而是会留在瓶子里。但是，这种气体的味道很特别，淡淡的，只有那些嗅觉敏锐的人才能闻到它的气味。"说完，化学家就打开瓶盖，把瓶子放在讲台上静置。

紧接着，化学家邀请同学们轮流走上讲台闻一闻瓶子里特殊气体的味道。大多数同学都满脸困惑，似乎他们没有闻到任何特殊的味道，只有一个同学故作惊喜地说："的确很特殊，这种味道太令人难忘了。"化学家不动声色地问："哦，看来你的嗅觉很灵敏，快把这种味道描述给大家听吧。"这位同学略作思考，说道："这种味道很淡，若有若无，很像成熟的苹果散发出来的香甜味道，但是等到仔细闻的时候，又仿佛消失了。"听到这位同学描述得如此详细生动，化学家询问其他同学："那么，你们闻到味道了吗？"大多数同学都迟疑地点点头，只有极少数同学没有点头。

随后，化学家邀请那些还没有上台的同学，继续走到讲台上闻一闻瓶子里的气味。令人惊讶的是，此后上台的同学全都肯定闻到了苹果的味道，即使化学家问大家是否闻到了其他味道，也没有人回答。整个礼堂陷入了寂静之中，片刻之后，角落里的一位同学举手说道："老师，我没有闻到任何味道。"化学家当即邀请这个同学再次走上讲台闻味道，该同学依然坚持自己没有闻到任何味道。正当同学们议论纷纷时，化学家笑着说："恭喜这位同学，瓶子里没有装任何气体，就是无色无味的空气。"同学们一片哗然。

原来，这位老师并不是真的化学家，是班主任特意邀请来检验同学们是否有求知精神的。最终，只有一位同学通过了严苛的考验。

进入青春期，孩子们渴望融入同龄人的群体，所以有很强烈的从众心理，也会做出从众行为。一般情况下，那些意志力薄弱、自信心匮乏、很容易受到心理暗示且性格怯懦的孩子，更容易盲目从众。相反，那些意志力坚强、充满自信、杜绝心理暗示且性格刚毅的孩子，则更能够坚持自己的想法和主张，坚定不移地坚持自认为正确的做法和行为。

小贴士

青少年要以正确为基础，学会坚持。古今中外，只有能够坚持自我的人，才能开创属于自己的人生。如果人云亦云，盲目从众，只会迷失在人群中，彻底失去人生的方向。

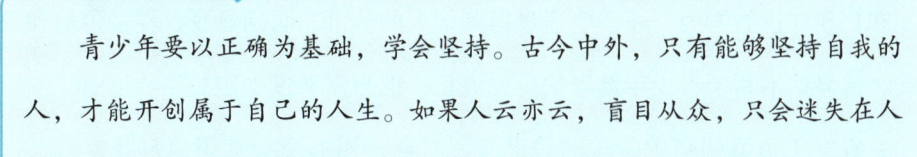

即使不被认可，也要坚持去做

对于大多数人而言，得到他人的认可很重要。为了得到他人的认可，有些人不惜改变自己，以迎合他人。然而，得到他人的认可并不是必需的。进入青春期，孩子们渐渐走向成熟，各种价值观念和性格脾气等都逐渐成形。换言之，青春期是孩子们进行性格定位的重要时期。**因为受到外部环境的影响，也因为感受到父母等人的期待，青少年往往会忽略自身的特质，不知不觉间受到他人的影响，因而改变人生努力的方向。**有些青少年缺乏主见，不具备自我认知和自我评价的能力，还需要通过得到他人的认可，明确自身存在的价值和意义。这显然不利于青少年健康快乐地成长，也会损害青少年的身心健康。

青少年正值初高中阶段的关键学习时期，因而要有意识地自我提升，走向成熟。明智的青少年绝不会全然听从他人的建议或者观点，也不会因为他人提出的不同意见就否定自己。**青少年要知道，一个人未必需要得到他人的认可，相比之下，自我认可才是最重要的。**古往今来，很多伟大的人之所以伟大，不是因为他们常常被接纳与肯定，也被赞美与赏识，而是因为他们哪怕被他人否定和打击，也依然坚定不移地做好自己该做的事情，也走好属于自己的人生道路。

第二章
外向性格，热情似火也要适可而止

众所周知，在篮球运动中，身高占优势的队员能够更容易地投球，阻拦对手，发起进攻。因而，很多篮球运动员都身材高大，仿佛一伸手就能触碰到球篮。只有极少数篮球运动员身材比较矮，哪怕放在正常人群中也很不起眼。但是，这并不妨碍他们成为优秀的职业篮球运动员。例如，在NBA历史上，大名鼎鼎的职业篮球运动员蒂尼·博格斯特别引人注目。他身材矮小，身高仅仅160厘米，虽然身边的人都不看好他的篮球事业，但是他却坚定不移地热爱篮球。在NBA历史上，他是最矮的篮球运动员。为了打好篮球，他始终坚持努力，相信自己。凭着充分的自信，以及顽强的坚持，他最终成为了世人皆知的篮球明星。

青少年要向蒂尼·博格斯学习，哪怕不被他人认可，也要以实际行动证明自己真的能行，更要坚持实现自己的梦想。可想而知，在"高"手如云的NBA，蒂尼·博格斯付出了怎样的努力，才能以触底的身高获得成功。早在青少年时期，他就树立了要去NBA打篮球的梦想，但是被很多人嘲笑和诟病。对此，他不为所动，依然坚持努力，充分利用业余时间刻苦练习篮球技艺。俗话说，功夫不负有心人。最终，他获得了加入NBA的资格，也以出色的表现成为了NBA的著名球星。具体来说，博格斯坚持的策略是扬长避短，取长补短。他明知道自己在身高上不占优势，就充分发挥自己跑步快的优势，最终把自己打造成NBA跑步速度最快的球员之一。看到博格斯的成就，那些曾经否定和嘲笑博格斯的人都沉默了。很快，他们开始炫耀自己认识博格斯——就是那位有名的NBA球星！

在追求梦想的道路上，博格斯尽管被他人嘲笑、否定和打击，但是从未因此而放弃梦想。他义无反顾地做想做的事情，坚定自己的梦想。既然无法改变自己身高处于劣势的现实，他就挖空心思发现自己的优势，打造自己的优势，最终发展出核心竞争力，让自己抵达人生的巅峰，也赢得无数人的钦佩和羡慕。

人生的道路是漫长的，实现梦想的过程更是充满坎坷与挫折。在这个世界上，没有谁能随随便便成功。**青少年要先认可自己，继而评判自己的目标和方向是否正确，最后就是坚持不懈，努力获得成功**。有位名人说过，对于每个人而言，唯有自己才是宇宙的中心。当我们怀着这样的自信，就能排除万难，奔赴人生之巅。

在追求梦想的过程中，有些青少年陷入了误区，他们误以为实现梦想是为了向他人证明自己，是为了得到他人的认可与肯定。这么想的青少年依然需要外部力量来驱动自己努力，只有改变这种不合时宜的想法，认识到努力的终极目标是实现自身的价值和意义，才能产生内部驱动力，也一往无前地奔赴山海。

小贴士

李白的诗句"天生我材必有用，千金散尽还复来"固然狂妄不羁，却也告诉我们一定要实现自身的价值。在世界上，每个人最该做的事情就是听从内心的召唤，做好真实的自己。

谨言慎行，凡事三思而后行

进入青春期，孩子们满怀热血，意气风发。青春期是人生中从少年到成年的过渡期，度过青春期，孩子们就真正成熟了。正是因为处于过渡期，所以孩子们的情绪很容易波动，感情也细腻敏感。再加上荷尔蒙的大量分泌，他们更是冲动易怒。俗话说，冲动是魔鬼。有些孩子因为冲动做出让自己追悔莫及的事情，给他人带来严重的伤害，也改变了一生的命运。为了避免这样的悲剧发生，孩子们的当务之急就是学会控制情绪，也要谨言慎行，凡事三思而后行。

那么，青少年的冲动表现在哪些方面呢？例如，每当自己的观点遭到他人的反驳时，他们往往无法保持冷静，理性思考，也无法设身处地为他人着想，真正做到尊重和理解他人。大多数青少年越是面对分歧和争执，越是固执地坚持自己的想法和观点，而且想方设法地试图说服他人。如果他们所面对的说服对象是同龄人，和他们一样暴躁冲动，那么可想而知说服的结果必然是不欢而散，还有可能吵闹不休。很多青少年都无法忍受被否定，被反驳，被挖苦、讽刺、嘲笑，甚至是贬低。如果不能在情绪的巅峰状态下自制自控，那么他们还有可能与他人大打出手，导致事态发展得更加严重。要知道，世界上从来没有卖后悔药的，与其等到冷静下来追悔莫及，不如在事情发生的时候按下情绪的暂停键，给自己时间恢复平静。老司机都知道开车要坚持"宁停三分，不抢一秒"的原则，其实<u>明智的青少年也应该始终牢记，每当情绪濒临失控时，哪怕能给自己三分钟的时间平静，事情的结果也会截然不同</u>。可见，当情绪亮起红灯，最重要的不是抢行，而是暂停。

有些青少年性格急躁，缺乏人生阅历和经验，因而思考问题难免片面。这使得他们总是急不可耐地做一些决定，采取一些行为，又常常因为自己的莽撞而导致事情朝着不可预期的方向发展，最终陷入懊悔之中。为了避免这种情况发生，青少年要有意识地提升自我控制力，既要控制自己的情绪，也要控制自己的行为，尤其是在遇到突发情况时，更是要戒骄戒躁，冷静思考。如果从某个角度思考不能得到想要的答案，那么还可以运用发散性思维，尝试着从更多的角度进行思考，这样就能尽量全面地权衡利弊，也尽量理性地做出抉择。在思考的过程中，除了要对事情可能产生的结果进行横向比较外，还要对事情的前因后果进行综合考量。总之，想得越是全面深入，结果也就越是能够令人满意。

小雅正在读初二，品学兼优，深得老师的喜爱。这天，在老师的带领下，小雅和同学们一起来到多媒体教室。原来，语文老师参加赛课兼家长开放日的公开课，所以现场不但有很多教育系统的领导，也有一些应邀而来的家长们。才刚刚进入多媒体教室，小雅一眼就看到妈妈正坐在台下的座位上。妈妈也看到小雅了，她兴奋地指着小雅，对另一位家长说："看，那就是我的女儿！"听到妈妈的话，小雅忍不住心潮澎湃，暗暗想道："我一定要好好表现，为妈妈争光！"

随着上课铃响，老师开始讲课了。小雅表现得特别积极，老师只要提问，她就会坐得非常端正，高高地举手，希望得到机会回答问题。然而，老师仿佛没看见小雅举手，接连几次都提问了其他同学。小雅特别着急，不由得把放在课桌上的胳膊高高地举了起来。终于，老师提问了一个很难的问题，点名让小雅回答。小雅迅速站起身来，仿佛如果站得晚了，就会被其他同学抢先回答一样。然而，小雅一心一意只想抢答，而没有认真思考问题，所以她一时之间思维短路，反而愣住了。这个时候，在场的人全都把目光投向小雅，小雅羞愧得无地自容，在得到老师的允许坐下后，忍不住哭了起来。

对于小雅而言，好不容易遇到妈妈来学校听课的机会，当然想当着妈妈的面好好表现。然而，她只想着要抢到回答问题的机会，却忘记了思考如何回答问题。这使小雅当着很多人的面出糗了，她也为此自责不已。如果小雅不这么急迫，而是能够耐下心来，认真思考老师的问题，在组织好语言之后再举手示意老师，那么她的表现一定会更好。

不管做什么事情，我们都不能只凭着激情就冲动行事，而是要坚持深入全面地思考。尤其是对于青少年而言，思考是一项不可缺少的能力。面对成功，思考能够帮助我们积累经验；面对失败，思考则能够帮助我们吸取教训。

小贴士

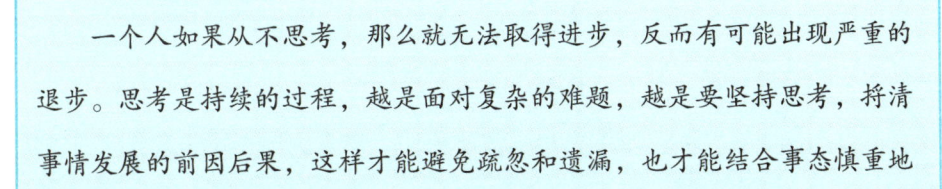

一个人如果从不思考，那么就无法取得进步，反而有可能出现严重的退步。思考是持续的过程，越是面对复杂的难题，越是要坚持思考，理清事情发展的前因后果，这样才能避免疏忽和遗漏，也才能结合事态慎重地做出选择。

学会独处，享受一个人的时光

现代社会中，很多人心态都很浮躁，无法静下心来享受独处的时光，仿佛只有置身于喧嚣的环境中，他们才能感受到自己的存在。然而，一个人成熟的标志之一，就是学会独处。对于青少年而言，每天要在学校里度过大部分时间，与老师、同学相处，能够用来独处的时间是很少的。长此以往，在忙忙碌碌的学习中，青少年常常迷失自己，也因为内心紧张、焦虑而备感压力。**要想真正放松下来，青少年就要给予自己更多的时间，也给予自己更大的空间，这样才能进行自我疗愈，也笃定内心，找到最适合自己的生存状态。**

独处，仅从字面意义上理解，指的是一个人故意避开外部世界的人和事情，孤身一人处于某个独立的空间，不受打扰地与自己相处。在独处的状态下，人摒弃了外界的干扰，完全属于自己。那么，对于青少年来说，独处有什么好处呢？独处，能够帮助青少年戒掉浮躁，独立思考，也最终找到自己的方式解决问题；独处，能够引导青少年深刻反观自己，因而深入了解自己，最终做到主宰和掌控自己；独处，让青少年暂时摆脱社交，从而与自己进行交流，让自己身心健康。其实，不仅青少年需要独处，很多成年人同样需要独处。从某种意义上来说，成年人生活的环境更加复杂，因而比青少年更需要独处。

偏偏有很多人都害怕独处，因为他们既没有体会到独处的好处，也不能领略独处的快乐。人，最重要的是认知自己，学会与自己相处。需要注意的是，长久地自我封闭，把自己关在狭小的空间里，不愿意与任何人相处，这是自闭。所谓独处，是以客观公正的态度对待自己和他人，哪怕面对人生的困厄依然保持积极乐观的心态，知难而上地解决各种难题。**适度的独处使人更加独立自主，也使人始终保持从容和理性。**

每当感到内心空虚、心情烦躁的时候，青少年可以以独处的方式进行积极的自我调节。有心理学家提出，对于生命个体而言，当感受到巨大的生存压力时，不妨采取独处的方式缓解压力，促进身心健康；当感受到内心的压抑和悲苦时，不妨给自己一定的时间和空间独处，这样就能进行自我疏导，帮助自己消除不良情绪，也坚持以适合自己的方式进行自我疗愈。

正在读高二的弦子住校，每周才能回家一天。在国庆长假之后，学校里要举行运动会，所以取消了周末的休息，毕竟运动会相当于"休息"。但是，同学们可不这么想，得知这个消息，大家马上炸开了锅。尤其是弦子，早就期盼着周末回家看电影玩游戏了。他情绪崩溃地打电话给妈妈："妈妈，帮我请假，我想马上离开学校，不参加这倒霉的运动会。"妈妈知道弦子情绪很激动，因而当即安抚弦子："好的，如果可以，我会帮你请假的。不过，我先要问问老师请假需要什么手续。"不想，妈妈的这句话让弦子更歇斯底里了，他带着哭腔说道："手续就是要医院里的挂号条，老师必须亲眼看到我们生病了，才能放我们离开。"妈妈当即对弦子进行了心理疏导，也引导弦子换位思考："弦子，你虽然没有什么比赛项目，但你是非常重要的观众啊！你想，如果运动会上只有运动员在挥洒汗水，而其他没有项目的同学都请假回家了，那么运动员们还有兴致比赛吗？学校举办运动会还有意义吗？"妈妈的话让弦子开始沉思。后来，他慢慢恢复了平静。

妈妈说道："弦子，我知道你经过一个星期的学习很疲惫，也很累，毕竟上高中是最苦最累的阶段。我可以帮你向老师请假一节晚自习，你留在宿舍里好好洗个澡，再闭目养神独处一阵子，好不好？妈妈相信你可以想清楚其中的道理，能消化自己的不良情绪。"弦子接受了妈妈的安排。神奇的是，在安静的宿舍里洗澡，又躺在床上休息片刻后，弦子突然觉得此前困扰他的事情根本不算什么，毕竟他也不想在没有观众的赛场上奔跑。

在这个案例中，妈妈是很有智慧的。首先，她接住了弦子的情绪，没有否定和批评弦子，妈妈的反馈本身就能起到安抚弦子激动情绪的作用。其次，妈妈引导弦子进行换位思考，从而帮助弦子认识到运动员是需要观众的。最后，在确定弦子不再那么歇斯底里之后，妈妈给了弦子独处的时间，让弦子以洗澡、安静躺在床上闭目养神的方式涤荡心灵，消除负面情绪的困扰。

有些父母不懂得如何与青春期孩子相处。一旦与孩子爆发矛盾或者冲突，他们就会故意以恶言恶语、挖苦讽刺刺激孩子，导致孩子的情绪更加失控。作为父母，要能够接住孩子的情绪，切勿故意激怒孩子。在引导孩子疏导情绪之后，还要给孩子恢复情绪的时间和空间，即让孩子理性地独处。需要注意的是，如果孩子正在气头上，已经被愤怒冲昏了头脑，那么父母的当务之急是保护孩子的人身安全，最好不要让孩子独处。

小贴士

独处，要以孩子情绪平静为前提，才能让孩子听到自己内心深处的声音，也看到自己内心深处的需求。

韬光养晦，才能厚积薄发

性格外向的孩子往往胸无城府，性格相对急躁，所以很难耐住性子做一些事情。在这个方面，要有意识地锻炼自己的耐性，因为只有韬光养晦，才能厚积薄发。要知道，成长从来都是急不得的。

很多人都惊叹于竹子生长的速度，却很少有人知道竹笋在破土而出之前大概四年的时间里，只能生长几厘米。这个速度简直比蜗牛爬行更慢。然而，这并不意味着竹子没有努力生长，因为从第五年起，竹子仿佛具有神奇的魔力一般，每天生长的速度居然达到了三十厘米。这意味着竹笋从破土而出直至长到大概十五米，只需要一个多月。这个生长速度是惊人的，得益于竹子在此前的四年里始终都在根部积蓄养分和力量，也悄无声息地发展庞大的根系。和很多植物的根系相比，竹子的根系如同势力庞大的帝国，它们的根系居然能够延伸到几千米之远。如果青少年在成长的过程中也能注重积蓄力量，从而蓄势待发，那么有朝一日一定能够创造成长的奇迹。

在这个世界上，没有任何人能一蹴而就，天上更不会平白无故地掉下来馅饼。成长是漫长的过程，对于人类而言尤其如此。为此，青少年要抓住宝贵的青春期积累知识，学习技能，做好充分的准备开创属于自己的人生天地。**在心理学领域，一万小时定律告诉我们不管做什么事情，只要能坚持努力至少**

<u>一万小时，那么就会有所成就</u>。这与竹子定律不谋而合。面对成长，青少年一定要戒骄戒躁，无须急于当领头羊以证明自己，而是要潜心学习，积累更多的知识，让自己在时光中沉淀下来，从而厚积薄发，大鹏展翅。

要想培养优秀的品质，养成好的性格，青少年就要脚踏实地，潜心学习。很多青少年太过急功近利，迫不及待地崭露锋芒，却没想到过于引人注目反而会阻碍自身的成长和发展。这意味着青少年将会被放置于放大镜之下，一言一行、一举一动都受到他人的关注，也常常因此遭到他人的攻击和苛责。韬光养晦则帮助青少年避免成为众人瞩目的焦点，他们躲在暗处默默地努力，专注地做自己想做的事情，所以有充足的时间进行自我提升。古往今来，那些不鸣则已，一鸣惊人的人，全都是默默努力的人。

真正坚持韬光养晦的青少年，拥有深厚的知识底蕴，也能凭着实力证明自己。他们从不自我标榜，更不自我吹嘘。他们知道用事实说话，才是最有力量的。俗话说，一瓶子不响，半瓶子咣当。那些对很多事情都一知半解的人，反而更乐于表现自己，也会抓住各种各样的机会彰显自己的与众不同。但是，他们只限于口头功夫而已，并没有真才实学，所以也就无法坚持做实事。

青少年即使性格外向，充满热情，也要戒骄戒躁。<u>只有坚持多读书，读好书，学习各种知识和技能，也始终谦虚低调地为人处世，才能让人生稳扎稳打，根基颇深</u>。俗话说，十年树木，百年树人。成人成才恰如种树，要想让树木长成参天大树，枝繁叶茂，就一定要让树木扎根更深。

古人有云，"不积跬步，无以至千里；不积小流，无以成江海"。在整个人生的旅程中，青春期都是至关重要的成长期。在青春期，青少年要致力于学习和成长，而不要为无关紧要的事情分散时间和精力。只有把握好青春期，为人生积蓄力量，青少年才能在长大成人之后一飞冲天。

要想做到韬光养晦，除了要低调谦虚外，还要适时蛰伏。所谓蛰伏，原本指的是动物在寒冬到来时进入深度睡眠，后来用来形容某种事物或者某些人深藏不露。所谓蛰伏期，就是潜伏和隐居的时期。在人生中，很多人都需要度过蛰伏期，他们也许是主动保持低调，也许是迫于各种原因而不得已坐冷板凳。需要注意的是，蛰伏期并非彻底销声匿迹，也并非完全屈服。通常，处于蛰伏期的人只是短时间内低下头，保持低姿态，从而潜心学习。如果说屈服是妥协和让步，那么蛰伏则是修炼内心，这样才能始终保持冷静，坚持沉淀，也在隐忍中变得越来越强大。

进入青春期，青少年开始发展性格，形成性格。因而，青少年要培养蛰伏意识，深刻认识到蛰伏的必要性。毕竟青少年还缺乏知识和人生的经验，各方面的能力也没有提升到一定的水平，因而必须潜心蛰伏，专注于学习和成长，未来才会拥有大好前途。

小贴士

青少年要提升文化修养，积累文化知识，培养自身品质，让自己变得博学多才、意志坚强，才能开创未来，掌控人生。

外向性格之优劣势分析

说起外向性格，很多人误以为外向性格是褒义词，因而常常评价某个人性格外向，作为对对方的认可与褒奖。<u>**其实，性格并没有好坏之分，正如外向性格既有优势，也有劣势，也正如有人喜欢外向性格者，而有人则对外向性格者避之不及。**</u>人们之所以喜欢外向性格者，是因为感受到外向性格的热情似火，激情澎湃，坦率真诚，果断坚强。人们之所以疏远外向性格者，则是因为外向性格者过于喜欢热闹喧嚣，还常常在不知不觉间抢他人的风头，压制他人，还有可能是外向性格者在社会中太过主动，使人感到难堪和尴尬。总而言之，对于外向性格者与内向性格者，不同的人有不同的喜爱，这正印证了一句俗话——萝卜青菜，各有所爱。

归根结底，我们喜欢某种类型的性格或者讨厌某种类型的性格，只是因为自身的感受，以及基于感受做出的选择。很多人描述外向性格者热情开朗、活泼可爱、乐于沟通、主动搭讪，等等。虽然他们的描述具体而且详尽，但是这并不意味着他们对于外向性格者进行了准确清晰的定义，他们对外向性格者的喜爱更倾向于是混合的感觉。基于这种感觉，他们把所有健谈、热情、开朗、真诚的人都定义为外向性格者。然而，面对具有这些行为特征的人，其他人却产生了截然不同的感受。有些人认为性格外向者既能给人带来欢声笑语，

第二章
外向性格，热情似火也要适可而止

又能让人感到妙趣横生，最重要的是他们如同阳光一般照亮了他人。有些人认为，性格外向者特别喧嚣吵闹，而且具有很强的掌控欲，只想操纵他人。这是因为后者过于用力地表现出外向的特征，所以发挥了对待外部世界的支配力，甚至涉嫌侵占情绪资源和人际资源。这足以说明不同的外向性格者之间有大不同。

通常情况下，人们认为外向性格者在如下两个方面具有显著特征，一是他们与人交往的意愿很强烈，二是他们的社交能力特别强。心理学家经过研究发现，同样作为外向性格者，哪怕在这两个方面具有高度相似性，但是在其他方面却有很大的差别。有些人的性格具有明显的外向性，他们的具体表现是不同的，有人攻击性强，有人极富侵略性，有人总是喜欢控制和支配他人，有人常常以自我为中心，从不为他人着想。需要注意的是，这些具体的行为特点并非外向性格者所特有的，很多人的性格虽然具有明显的内向倾向，但是也会表现出相似的行为特点。正是因为如此，我们常常混淆内向和外向的行为特点。有些内向性格者或者是性格上表现出内向性的人，也有很强烈的交往意愿，而且社交能力超乎寻常。

为此，在对某个人的性格进行判定时，我们要区分清楚对方做出某些行为的出发点。例如，如果有人受到利益的驱使而不得不表现得外向，那么他们就不是真正的外向性格者。在职场中，有些内向性格者从事销售行业，在最初入行的时候很害羞，不知道该如何开口，随着工作的经验越来越丰富，他们渐渐地适应了销售行业的工作模式，在工作中表现出明显的外向行为特点。

外向只是一种性格特征和倾向，所以无法涵盖某个人基本的也是重要的性格特质。**事实证明，一个人无论是性格外向还是内向，都能拥有诸如真诚、善良、乐于分享、慷慨大方等优秀的品质。**这些品质是一个人性格的基石，主要通过外向性格者的行为特质得以呈现，使得外向性格绽放出魅力。正是因为拥有这些优秀的品质，所以很多外向性格者都很乐于分享。他们心境平和，情绪愉悦，自我感觉良好，充满自信，浑身都散发出积极正向的能量。有一些外向性格者具有很强的感染力，能够带动身边的人也开心起来。外向性格者还能看到他人，从而关注他人。

外向性格并非只有优势，而没有劣势。实际上，在很多情况下，外向性格的劣势表现得非常明显。例如，在交谈中，当一个外向性格者说话如同连珠炮，让我们连插嘴的机会都没有，那么我们就会感到紧张焦虑，也会因此试图逃离。有些外向性格者习惯于以自我为中心，而忽略了他人的情绪和感受，这会给人造成压迫感，因而不利于建立良好的人际关系。

小贴士

总之，我们要一分为二地看待外向性格。对于外向性格的青少年来说，既要发挥外向性格的优势，形成正能量场，结交更多的朋友，也要避免外向性格的劣势，避免给他人造成压迫感，迫使他人疏远我们。

第二章
外向性格，热情似火也要适可而止

切勿强求自己外向

前文说过，外向性格既有优势也有劣势，而即使作为内向性格者，也可以和外向性格者一样形成很多优秀的品质。既然如此，我们就没有必要强求自己外向。

通常情况下，人们认为外向是性格的优点，带有褒义。尤其是很多父母一旦听到自己家的孩子被评价为内向，就会心急如焚，认为内向的孩子自我封闭，既无法结交朋友，更不可能有所作为，还有可能在成长中感受到无尽的苦恼。为此，他们想方设法地帮助内向的孩子转化性格，使内向的孩子变得外向。殊不知，江山易改，禀性难移。家长采取不恰当的方式帮助孩子转化性格，非但不能帮助孩子，反而会伤害孩子，使孩子不能自我认同，还有可能陷入自我否定之中。

每一种性格类型都有好有坏，关键在于我们如何发挥性格的优势，避免性格的劣势。简而言之，我们要做到扬长避短，取长补短，让自身的性格为成长和发展助力，而不要成为人生的桎梏。在家长不良心态和错误做法的影响下，很多孩子也对性格形成错误的认知，一旦意识到自己属于内向性格，就会感到自卑，继而自我否定。有些孩子还会成为父母的"帮凶"，强迫自己通过练习的方式形成外向性格，这无疑违背了孩子成长的规律，也扰乱了孩子人生的秩序。

面对那些坚持外向练习的孩子，人们惊喜地发现孩子变得越来越外向开朗，也变得更加积极主动。尤其是父母，当看到孩子变得外向，他们很欣慰，很高兴。遗憾的是，从未有人真正关注过孩子的真实感受，更没有人知道孩子在强迫自己外向时内心深处究竟是怎么想的。进入青春期，孩子自我认知的能力逐渐增强，因此他们可以初步判定自己属于内向性格。在形成这样的自我认知之后，他们却不得不要求自己表现得更加外向，这使得他们仿佛变成了两个人，一个人是外在的，另一个人是内在的；一个人是外向的，另一个人是内向的；一个人是热情的，另一个人是冷漠的；一个人是热闹的，另一个人是孤独的。无疑，在这样被撕裂的感觉中，孩子无比痛苦，他们不能做真实的自己，甚至不敢表达真实的心声。他们虽然如愿以偿地结交了更多朋友，但是他们只想安安静静地独处，享受独处的时光。看到孩子的改变，不管是老师还是父母都夸赞孩子突破了自我，却不知道孩子身心俱疲。伪装自己无疑是很辛苦的，每个强行外向的孩子都在伪装自己，他们只有等到夜深人静的时候，只有在难得的独处时光里，才能做回真实的自己。**其实，一个人无论如何改变自己以迎合他人，都不能得到所有人的喜爱。既然如此，内向的孩子压根没有必要假装外向，更没有必要假装拥有活跃的情绪，因为这一切虚假的表现都只会让他们感到疲惫。**当然，这么做能帮助性格内向的孩子尽快融入集体中，但是，如果内向性格的孩子整个过程中都感到身心疲惫，很不快乐，那么融入集体又有什么意义呢？这无疑是本末倒置的行为，甚至是舍本逐末的行为。

在习惯了伪装自己，假装外向且被他人接受后，内向性格者就不得不沿袭此前刻意形成的人际相处模式，这意味着他们必须时刻伪装自己。长此以往，他们不但迷失了真实的自己，也会渐渐失去自信。他们每时每刻都在担心对方并不喜欢自己真实的性格，因此陷入恐惧之中。有些内向性格的孩子还没有完全接受自己，就开始伪装自己，强行外向。为此，他们自卑、恐惧、焦虑，无法掌控自己，更无法掌控环境。这使他们的情绪始终处于紧绷的状态，尽管增强了与人交往的各种能力，却产生了贬低自己和否定自己的倾向。试问，一个人总是否定自己，过度认知自己的性格弱点，或者始终强行外向，他又如何去接纳自己，变得越来越强大呢？

青少年只有自我接纳，才能消除自我排斥和自我对立，也才能从根本上转变内向的各种情绪，培养自身形成外向性的情绪。 很多青少年因此而产生了社交焦虑，在交谈中总是附和他人而不敢表达自己的观点，在相处中生怕自己一不小心原形毕露遭到对方的嫌弃和疏远，最终害怕社交，恐惧社交。

小贴士

对于青春期孩子而言，不管是出于主观的意愿而强行外向，还是被父母强制要求外向，他们都会失去安全感，失去自信心。真正的强者敢于接纳自己，既看到自己性格的优势，也接纳自己性格的劣势，唯有以此为前提，他们才能以更加舒展自然的状态坚持成长。

第三章

内向性格,焦虑不安勿忘突破自我

Personality Psychology

第三章
内向性格，焦虑不安勿忘突破自我

什么是内向性格

说起内向性格，大多数人的脑海中都会浮现出某个人沉默寡言、不爱说话的模样。因此，很多人都以不爱说话作为标准，判断一个人是否属于内向性格。然而，有些人虽然不爱说话，但是并非内向性格。例如，有些人人狠话不多，是因为他们惜字如金，很有魄力，所以能够破釜沉舟地做一些事情，也能在艰难的困境中打开局面。这里所说的人狠话不多，并非侧重于描述沟通能力，而是侧重于描述社交能力和人际交往能力。还有些人的确具有内向性格的明显特征，例如不但话少，而且很害羞，但是这并非因为性格内向，而是因为拥有强烈的自尊心，也很爱面子导致的。由此可见，一个人即使没有好口才，不善于与他人之间进行情绪互动，也依然是外向的。他也许不善于表达，但是在真正需要与人交流时，他们却气质沉稳，慷慨陈词，字字珠玑，因而能表现出超强的演讲力和说服力。

面对青春期孩子，当看到孩子整日沉默，不愿意主动与父母沟通，甚至被父母询问也只是以简单的"嗯""啊"等字词回应父母时，父母常常误认为孩子性格内向，并且因此而担忧焦虑。还有些父母发现孩子即使到了节假日也常常待在家里，不是玩游戏，就是看电视，很少与同学、朋友相约一起玩，为此认定孩子因为性格内向而很孤僻，缺少朋友的陪伴。不得不说，这些父母都多虑了，因为考察和判定孩子是否内向，不仅要以是否乐于表达，是否结交朋友为标准。**尤其是在进入青春期之后，孩子开始思考人生的意义，也常常表现出孤独的模样，这是因为他们学会了独处，也进行有深度的思考。**至于对待父母，很多孩子则因为得不到父母的尊重和理解，所以渐渐地对父母关闭心扉。这就出现了一种矛盾的现象，即孩子在家里虽然表现得很沉默，不喜欢说话，但是在学校里与同龄人相处时却外向热情，受人欢迎，甚至幽默风趣，成为大家公认的开心果。从这个意义上来说，父母不要轻易判定孩子性格内向，也不要自以为了解孩子。在很多情况下，父母只了解孩子的某个方面，而不了解孩子全部的性格表现。

青少年即使很少说话，只要能清楚地表达自己的意思，就说明他们具备很强的表达力；青少年即使很少与朋友相约一起游玩，只要在需要的时候有朋友陪伴在身边，就说明他们具有正常的社交能力；孩子即使性格温吞，做很多事情都不急不躁，只要他们条理清楚，有自己的节奏，就说明他们已经预先进行了规划，是有备而来的。**总而言之，我们要透过现象看到本质，也透过孩子表现出来的样子，洞察孩子的内心。**既然如此，就不要再以是否善于表达作为标准，判断一个人是内向还是外向了。事实上，不善于表达只能证明某个人缺乏沟通能力，而不能证明某个人缺乏社交能力，毕竟社交能力涵盖着很多方面的内容，而非只有表达这一项。有些人尽管喜欢保持沉默，却拥有稳定的情绪和强大的气场，也拥有笃定的内心，知道自己想要达到怎样的结果，因而我们依然可以评判他们具有很强的社交能力。总之，不善于表达的人只是从表面上显得性格内向，而非真的性格内向。在人际沟通中，只有那些不想与人沟通，缺乏兴趣爱好，也对人心怀戒备，不愿意对人敞开心扉的人，才有内向的倾向。真正的性格内向者，会表现出明显的社交退缩行为，在与人沟通时精神紧张,甚至还会因此而试图逃避。尤其是在受到他人的伤害时,他们根本没有勇气捍卫自己的权益。当孩子出现上述表现,并且因为性格内向而影响正常的人际交往时,的确是令人担忧的。

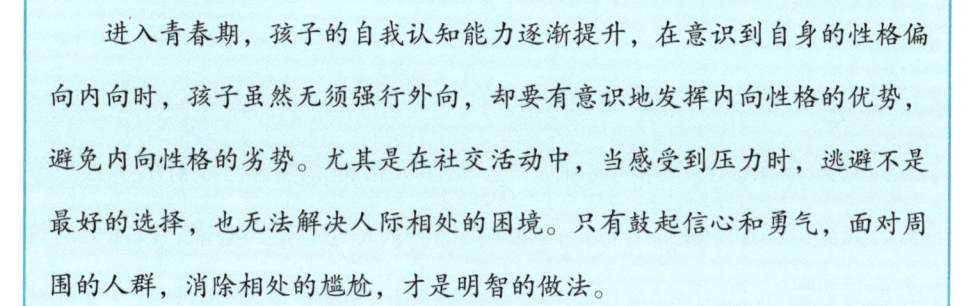

> **小贴士**
>
> 进入青春期,孩子的自我认知能力逐渐提升,在意识到自身的性格偏向内向时,孩子虽然无须强行外向,却要有意识地发挥内向性格的优势,避免内向性格的劣势。尤其是在社交活动中,当感受到压力时,逃避不是最好的选择,也无法解决人际相处的困境。只有鼓起信心和勇气,面对周围的人群,消除相处的尴尬,才是明智的做法。

真内向与假内向

内向还有真假之分吗？的确如此。很多人常常形容自己面对陌生人三缄其口，如同闷葫芦一样一语不发，面对熟悉的人却愿意敞开心扉，以如火的热情点燃自己和他人心中的激情，甚至还会表现出内心不为人知的狂野。如此截然不同的表现，为何会出现在同一个人身上呢？这是因为他们在陌生人或者不熟悉的人面前关闭了心扉，而只有在熟悉的人或者信任的人面前，才会彻底敞开心扉，放飞自我。那么，这样的人是真内向，还是假内向呢？

对于童年时期的生活，每个人都有独属于自己的记忆。很多人在童年时期都生活得不快乐，因为他们的心仿佛被安装了枷锁，使他们束手束脚，自我禁锢。例如，有些孩子在课堂上很想举手回答问题，得到老师的表扬，却始终无法鼓起勇气举手，只能忍受着内心的煎熬，把即将脱口而出的正确答案关在嘴巴里；有些孩子在被同学欺负之后很想当即去找老师告状，但是他们疑虑重重，不是担心会因此给老师留下不好的印象，就是担心会因此破坏与同学之间的关系，最终只得忍气吞声；有些孩子一直以来都对父母偏心喜欢其他兄弟姐妹的行为非常不满，几次三番想要明确说出对父母的不满，却瞻前顾后最终还是选择沉默，导致自己在若干年之后依然对此耿耿于怀……总而言之，他们仿佛是被无形的绳索束缚着，不管多么努力，都无法挣脱绳索，释放真实的自己。其实，他们不知道的是，束缚他们的绳索是羞怯，**正是因为强烈的羞怯，所以他们始终无法打开心扉，表现出自己真实的一面，也正是因为强烈的羞怯，所以他们哪怕对周围的人和事情感到不满，也不敢公开表达不满，更不敢公然抗拒。**

那么，这些被束缚的孩子属于真内向吗？很多人对于性格的认知都是标签化的，即简单粗暴地给某些性格表现冠以类型化的标签。正是基于此，大家才会把表现出羞怯心理和行为的人，定义为性格内向者。然而，心理学家经过研究发现，在社交活动中，羞怯是很常见的心理和行为表现，其本质是社交焦虑，是不同于内向性格的。由此可见，羞怯行为并不等同于内向性格者的行为。**内向的人往往主动逃避社交活动，并安于独处，但是社交焦虑者则意识到羞怯行为是不好的，所以始终试图突破自我，表现得更加落落大方。**

通常情况下，人们认为性格内向者都有社交焦虑，而社交焦虑者也正是因为性格内向才出现社交退缩和逃避行为。为此，人们把性格内向与社交焦虑关联起来。其实，性格内向者与社交焦虑者的社交意愿和交流兴趣是有着本质不同的。很多社交焦虑者都有强烈的社交意愿，也很愿意与他人交流。正是因为如此，他们才会在面对陌生人时保持沉默，而在熟悉的环境中面对熟悉的人时又摇身一变成为话痨。这就解答了本篇开头提出的问题，那些在陌生人面前沉默而在熟悉的人面前侃侃而谈的人，并非真正的性格内向者，而是社交焦虑者。

了解性格内向与社交焦虑的区别，青少年才能对自己的性格有正确的认知，也有的放矢地帮助自己避开社交的误区。如果改变此前对自己的错误认知，意识到自己不是性格内向者，而只是社交焦虑者，那么青少年接下来要做的就是缓解焦虑，消除对陌生人的戒备心理，从而顺利开展社交。

真正的内向性格，指的是不愿意与他人相处，对他人缺乏兴趣，更不想与他人交流。青少年在意识到自己是真正的性格内向者之后，要有意识地改变以自我为中心、只关注自己的心理倾向，这样才能看见他人的存在，听见他人的声音，从而加深与他人的交流和互动。人，是社会性动物，每个人都是社会的一员，都要积极地融入社会生活。当然，这并非意味着内向性格一无是处。

> **小贴士**
>
> 其实，内向性格是有优点的，例如内向性格者做事情更加专注，很少受到外界的影响和干扰；内向性格者喜欢独处，因而更深刻地剖析自己，注重自我成长与提升等。内向性格的青少年要发挥性格的优势，避免性格的劣势，这样才能助力自身成长。

内向青少年面临的情绪问题

进入青春期，因为体内激素的大量分泌，也因为人际关系变得越来越复杂，尤其是因为学业压力越来越大，所以很多青少年都情绪起伏不定，时而欣喜若狂，时而灰心丧气，时而乐观向上，时而悲观沉沦。面对各种情绪问题，外向性格的青少年也许会选择当即表达，对老师、父母和同伴把负面情绪抒发出来，内向性格的青少年却有可能把所有不好的情绪压抑在心底，长此以往，他们的心理压力越来越大，心理状况也越来越糟糕。

一直以来，很多人都把情绪问题归结为主观问题，认为青少年之所以不快乐，是因为太过敏感和焦虑，遇到问题想不开。其实，简单地把情绪问题归结为情绪不畅，必然会轻视孩子的情绪问题，也会导致孩子因为长期陷入情绪泥沼而出现心理疾病。对于内向性格，大多数父母都认为是孩子不喜欢沟通导致的，因而盲目地督促孩子要把心中的不快说出来。随着心理学的不断发展，心理学家在深入研究和全面了解青少年的心理状况后，认为孩子的情绪问题是有生理和心理原因的，父母必须引起充分的重视，才能给予孩子有效的帮助和及时的引导。不可否认的是，随着社会的发展，很多人都承受着巨大的生存压力，孩子并不像父母所想的那样只需要学习，理应单纯快乐，而是在肩负着繁重学习任务的同时，还要处理人际关系，所以常常生出烦恼，也备感压力。尤其是现代社会中大多数父母都望子成龙、望女成凤，因而更是增加了孩子的压力。面对情绪压力、学业压力、社交压力等堆叠导致的巨大心理压力，心智发育不够成熟的青少年往往无处逃避。在这种情况下，如果父母不理解孩子，强求孩子必须在学习上出类拔萃，也指责孩子没有与老师、同学等搞好关系，那么孩子就更是内心焦虑，甚至陷入抑郁泥沼。

当明确孩子属于内向性格之后，父母一定要关注内向孩子的情绪问题，及时帮助孩子疏导负面情绪，解决心理难题。需要注意的是，性格外向的孩子对刺激的反应相对迟钝，而性格内向的孩子对刺激的反应则相对敏感。举个简单的例子，我们就能明显感知到性格外向的孩子与性格内向的孩子在对刺激的反应方面相差悬殊。例如，同样置身于热闹的场合里，性格外向者会受到热烈氛围的感染，感受到极大的快乐，与此同时他们精力充沛，会积极地投入现场的活动之中。但是，性格内向的孩子非但不觉得有趣，反而会感到热闹的氛围消耗了他们的精力，使他们感到身心疲惫，也让他们情不自禁地想要逃之夭夭。这是因为性格内向者对刺激更加敏感，所以面对强烈刺激会消耗精力。把这种现象投射在学习中，就会发现性格外向的孩子不喜欢在特别安静的环境中学习，而性格内向的孩子则不喜欢在吵闹的环境中学习。前者认为安静的环境令人讨厌，而后者认为吵闹的环境会干扰他们专注学习的状态，使他们无法进入良好的学习状态。在安静的环境中，性格外向的孩子反而无法保持专注，而在喧闹的环境中，性格内向的孩子则无法保持专注。

心理学家的研究结果表明，性格内向的人的确容易产生负面情绪。然而，只要置身于喜欢的环境中，性格内向的人就会感到身心愉悦，也能专注投入地做好当下的事情。由此可见，性格外向或者内向并没有绝对的好坏之分，关键在于要有适合的环境提升他们的专注力，让他们感到身心愉悦。

在学习的过程中，性格内向者显然很容易找到安静的环境，以专注于学习。但是在社交活动中，性格内向者则很难找到符合他们要求的环境。为此，当与性格外向者置身于相同的环境中时，他们所能感受到的快乐更少，他们为了适应环境需要消耗的精力更多，这意味着他们很难得到情绪补充。正因如此，他们才更容易感到疲惫，也常常表现出坏脾气。

小贴士

当性格内向的孩子在人际相处中消耗了大量精力，他们就需要通过独处、静心享受一个人的美好时光，来补充心理能量。

内向焦虑

每当看到孩子孤孤单单地待在某个地方，专注地做着他们认为有趣的事情，而不愿意走出家门，融入同龄人的群体中，也不愿意与某个相熟的朋友一起做有趣的事情，很多父母都感到特别担忧，生怕孩子会因为性格内向导致自闭，也失去了友谊的滋养。**其实，孩子喜欢独处与自闭是完全不同的。很多父母对于孩子的内向焦虑完全是自寻烦恼。**

进入青春期，孩子开始读初中，一直到高中毕业，青春期始终陪伴着他们。大多数父母都尤为关注孩子的学习情况，这是因为他们对于孩子怀着殷切的期望，也希望孩子能够凭着优异的学习成绩鲤鱼跃龙门，改变命运。然而，也有一些父母有着大智慧，他们不但关心孩子的学习情况，更关心孩子的情绪状态和心理健康，尤其关心孩子的社交能力。他们深知对于孩子而言，学习也许只是某个人生阶段中的当务之急，而情绪状态和心理健康，以及社交能力，才是影响孩子人生的重要因素。为此，一旦发现孩子喜欢独自待着，做父母认为无趣而他们认为有趣的事情，父母就会焦虑。每当与其他孩子的父母聊天，他们就会抱怨自己家的孩子太宅了，根本不愿意出门，更不愿意与人相处。他们还担心孩子在学校里没有关系要好的同学，很可能患上了社交恐惧症。其实，这些父母都陷入了误区，一厢情愿地认为只有走出家门才不是宅，也只有与同龄人相处才是孩子最有趣的选择。子非鱼，焉知鱼之乐。对于父母而言，要想消除内向焦虑，就要认识到孩子留在家里也可以做很多有趣的事情，孩子不与同龄人玩耍而喜欢小动物，是因为小动物对他们而言更有趣。总之，**青春期孩子不需要遵循任何人设定的标准，他们有自己喜欢做的事情，也能从中感受到极大的乐趣。**有些孩子特别喜欢独处，他们即使不玩游戏，也可以在自己的房间里充实地度过整个下午，这恰恰不是因为他们宅或者自闭，而是因为他们有着有趣的灵魂，有着充实的内心。

很多被父母认定为内向性格的孩子，虽然朋友不多，但是与为数不多的朋友之间保持着深度亲密的关系，他们常常与朋友谈天说地，也探讨一些有深度的问题。与他们相比，那些表现得性格外向的孩子，尽管拥有很多朋友，但是与所有的朋友之间都保持着点头之交，见面了的确会热情地寒暄，却不能进行深刻的交流。这些友谊扎根很浅，很难长久地维持。**换个角度来看，性格外向的孩子通过广泛的交往获得了快乐，这正是他们交往的意义。性格内向的孩子通过专注于与少数朋友交往，获得内心的共鸣，也获得长久的安慰。**这两种交往的方式并无好坏之分，只要是适合自己的，就是最好的。

认清楚这一点，很多性格内向的青少年就能摆脱性格焦虑的困扰。他们之所以产生性格焦虑，是因为太过强调社交，认为只有通过社交才能获得快乐，才能培养健康的心理。为此，他们忽视了生活中那些有趣的事情，甚至误认为那些有趣的事情是有害的，是不值得坚持去做的。只有从更广阔的角度定义正常和不正常的社交行为，孩子们才能摆脱社交焦虑的不良心理暗示，也才能继续做自己喜欢做的事情，获得更多的快乐和满足。

要想发挥性格优势，需要与性格匹配的环境。**不同类型的性格并没有绝对的好坏，最重要的是要匹配合适的环境和条件，从而发挥性格的优势，避免**性格的劣势**。与其煞费苦心地扭转性格的劣势，不如扬长避短，发挥性格的优势。这样才能事半功倍。

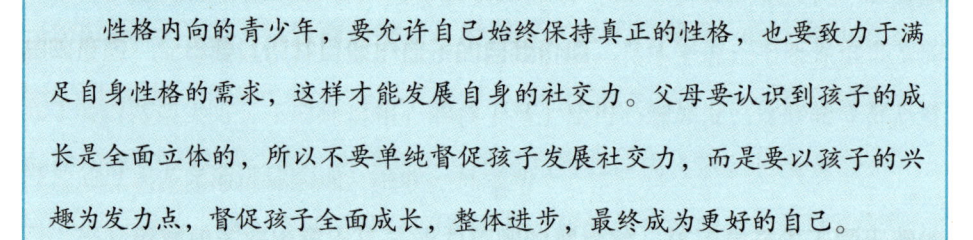

> **小贴士**
>
> 性格内向的青少年，要允许自己始终保持真正的性格，也要致力于满足自身性格的需求，这样才能发展自身的社交力。父母要认识到孩子的成长是全面立体的，所以不要单纯督促孩子发展社交力，而是要以孩子的兴趣为发力点，督促孩子全面成长，整体进步，最终成为更好的自己。

向朋友敞开心扉

性格内向的青少年,哪怕面对熟悉的朋友和家人,也很难做到完全敞开心扉。这一则因为他们缺乏自信,生怕自己一语不慎就得罪他人;二则因为他们对他人缺乏信任,担心他人无法理解和接纳自己。在这两个因素的影响和作用下,他们往往选择沉默以保护自己,即使被要求表达心声,他们也会三缄其口,仿佛唯有沉默才是他们最好的选择。

正如周华健的一首歌所唱的,朋友一生一起走,那些日子不再有。在青春期,每个孩子都渴望得到同龄人的接纳与认可,也要学会与同龄人相处。所以,即使是性格内向的孩子,也要勇敢地结交朋友。有些孩子知道自己属于内向性格,因而强迫自己必须表现得外向,结果导致自己特别痛苦。其实,并非只有外向性格者才能结交朋友。事实证明,很多外向性格者与很多朋友之间都是泛泛之交,反而性格内向者拥有的朋友虽然少,但是友谊却很深厚。从这个意义上来说,**性格内向的孩子要做的不是改变性格,而是发挥自身性格的优势,吸引与自己性格相似的人,或者吸引与自己性格互补的人**。只要坚持这么去做,他们就会拥有真心的朋友。

很多性格内向的孩子羡慕身边的同龄人性格外向,乐观开朗,不管走到哪里都能呼朋唤友,受人欢迎。这样的友谊尽管喧嚣热闹,却不够深刻。与其羡慕他人，我们不如静下心来，专注地与身边屈指可数的朋友深入交往，有的时候一起谈心，有的时候互相支持和鼓励，有的时候彼此雪中送炭或者锦上添花。

在漫长的生命旅程中，父母也许是最爱我们的人，但是朋友却是陪伴我们时间最长的人。有些孩子特别幸运，他们与从小一起长大的小伙伴始终在一起，即使长大成人也依然是好朋友，彼此陪伴，彼此支持和鼓励。他们是彼此人生的见证者与参与者，不管发生怎样的情况，他们之间的友谊都不会褪色。在一起成长的过程中，他们与朋友之间互相影响，彼此都发生了一定程度的改变。古人云，近墨者黑，近朱者赤，正是这个道理。这也告诫我们，**要想得到朋友的助力，就要结交品行端正的好朋友，而切勿受到那些品行不端的坏朋友的影响。**

人与人之间的关系总是相互的。**我们要想得到朋友的尊重，先要尊重朋友；我们要想得到朋友的信任，先要信任朋友；我们要想得到朋友的真诚对待，先要真诚对待朋友。**如果我们总是满怀戒备地对待朋友，也始终刻意与朋友保持安全距离，那么当我们需要的时候，朋友必然不会慷慨无私地陪伴在我们身边。有些性格内向的孩子总觉得与朋友的相处还差一点火候，其实最重要的一把火并不在于朋友，而在于我们自己。当我们不再虚掩着心门，而是彻底敞开心扉接纳朋友，向朋友吐露心声，那么相信朋友一定会以同样的方式回馈我们。

北宋时期，著名文学家秦观写的一句诗流传千古——金风玉露一相逢，便胜却人间无数。秦观一生之中经受了很多挫折和打击，想要考取功名却始终不能如愿以偿，为此他意志消沉，性情大变。秦观既是不幸的，也是幸运的，因为好朋友苏轼始终陪伴在秦观身边。对于秦观而言，苏轼既是好朋友，也是精神支柱。正是苏轼的陪伴，帮助秦观度过了心情的低谷期。苏轼还是秦观的伯乐，他同情秦观怀才不遇，因而把秦观引荐给当朝宰相王安石。他始终支持和鼓励秦观，使秦观再次鼓起勇气参加科举考试。这一次，秦观中了进士，从此扭转命运，苦尽甘来。

性格内向的青少年尤其需要朋友的陪伴，这是因为知心朋友能够消除他们的戒备，让他们变得更加勇敢，既信任朋友，也接纳朋友，还能帮助他们驱散心中的阴云，让他们的内心充满阳光，温暖如春。每当感到快乐时，他们与朋友分享快乐，使快乐成倍增长；每当感到痛苦时，他们与朋友分担痛苦，让痛苦减半。不管在生命中发生了什么事情，他们都不忘告知朋友，因为朋友不但是他们一生的陪伴，更是他们人生的见证人。

> **小贴士**
>
> 不管是对于生活，还是对于学习，青少年也和秦观一样，既需要志同道合的朋友，也需要能够在精神和情感上给予自己强大支持的同行者。因而，青少年要珍惜朋友，既从朋友那里汲取力量，也慷慨地给予朋友以力量。

不要太敏感

很多性格内向的青少年之所以常常感到痛苦，与自己较劲，恰恰是因为他们太过敏感。**从心理学的角度分析，很多性格内向的人都敏感细腻，所以常常陷入苦恼之中。**对于所有人而言，敏感都是生存的必备技能，因为敏感能够帮助人们保持警觉，使人感情细腻，也能设身处地为他人着想，对他人感同身受。但是，凡事皆有度，过度犹不及，一旦过度敏感，就会成为负担。所谓过度敏感，也叫高度敏感，指的是敏感已经超出了正常范畴，在使人们独具某种天赋的同时，也使人们受到了很多负面影响。

每个人都应该保持正常的敏感，而要尤其警惕高度敏感。对于青少年而言，一旦出现高度敏感的表现，就要及时主动地调节自己的心态，从而避免受到负面影响。通常情况下，高度敏感的负面影响有使人感受到压力，使人产生坏情绪，使人满心疑虑草木皆兵等。从本质上来说，这些压力和负面情绪是毫无意义的，因为心理学家经过研究发现，人们所焦虑和担忧的事情基本不会发生。这意味着对于那些本不该发生的事情，焦虑没有意义；对于极少数注定要发生的事情，焦虑则无法避免事情发生。既然如此，焦虑只会产生严重的自我消耗，是没有任何理由存在的。

在校园生活和家庭生活中，很多青少年都会因为过度敏感，而陷入无意义的焦虑中。例如，听到爸爸妈妈常常争吵，他们总是担心爸爸妈妈会离婚；每次学校里组织考试之前，他们都寝食难安，生怕自己考试成绩不理想。结果，在长期的担忧中，他们反而陷入了糟糕的心绪中，结果见证了爸爸妈妈离婚，成绩也一落千丈。心理学领域的墨菲定律，为我们揭示了这个残酷的真相，即一个人越是担忧某件事情，越是会发生某件事情。从心理暗示的角度来说，是因为担忧和焦虑给当事人带来了消极的心理暗示，也让当事人不知不觉间接近害怕的结果。<u>为了避开墨菲定律，青少年要改变消极的心态，以积极的心态应对有可能发生的事情，也以豁达从容的心态畅行人生的道路。</u>俗话说，车到山前必有路，船到桥头自然直，正是这个道理。

正在读高一的林奇特别内向敏感，哪怕是他人一句无心的话，都会在他的心里掀起惊涛骇浪。这天傍晚放学后，林奇刚刚回到家里，就接到了同学的一则微信消息：林奇，你忘记擦黑板了。林奇这才想起来自己是今天的值日生，负责擦黑板。虽然这则消息既没有以感叹号作为结尾，也不包含任何谴责的意味，但是林奇却忐忑不安，整个晚上都在担心。他不停地想："老师知不知道我没擦黑板呢？老师不会当众批评我吧。这个同学特意告诉我这件事情有何目的呢，是想看我的笑话，还是想勒索我什么？这个同学可真讨厌，原本我不知道自己没有值日，心情不受影响，现在却知道了，心情糟糕透了。我要不现在去学校擦黑板？但是天已经黑了，而且我的作业还没写完……"

因为三心二意，忐忑不安，林奇做作业的效率极低，不但拖延了一个多小时才完成，而且错误频出，质量堪忧。当晚，林奇还失眠了，不知道明天早晨去学校，等待着自己的将会是什么。次日，他顶着熊猫眼早早起床赶去学校，想要趁着大家都没到教室，把黑板擦干净。结果，他惊奇地发现黑板擦得干干净净。这个时候，昨天发信息的同学微笑着对林奇说："林奇，我主动帮你擦黑板，你是不是该谢谢我呢？"林奇这才如释重负，笑着和同学打招呼。

很多性格内向的青少年都会出现过度敏感的情况，正所谓说者无意，听者有心，他们就是那个有心且多疑的听者。因为一条微信消息，林奇不但无法专注地完成作业，而且出现了失眠的情况，最后还早早起床赶去学校进行弥补。可想而知，一条短信在林奇心中引发了蝴蝶效应。现实生活中，很多人都高度敏感，那么一定要主动消除负面情绪，避免高度敏感。

高度敏感者具有超强的感知力，对于他人忽略的细节，他们极其关注，而且会无法控制自己的胡思乱想。正因如此，他们才常常感到心累。当然，高度敏感并非一无是处。事实证明，那些高度敏感者具有强烈的感知能力，所以在艺术领域表现突出。很多高度敏感者成了画家、歌唱家、舞蹈家，等等。很多人都喜欢梵高的《向日葵》，是因为《向日葵》这幅作品异常热烈，具有很强的感染力。殊不知，梵高作为《向日葵》的创作者，常常因为高度敏感而陷入极度的痛苦中，最终他只能以死亡的方式帮助自己获得解脱。他既亲身证明了高度敏感的缺点，也亲身证明了高度敏感给他带来了至高的成就。**作为高度敏感的青少年，要有意识地克服高度敏感的缺点。当发现身边的人高度敏感时，可以主动提醒对方放下猜忌，心怀真诚。**

小贴士

对于高度敏感的人，还要学会放松，这样才能缓解压力，消除负面情绪。所谓放松，可以做自己喜欢的事情，可以静心冥想，可以换一个环境生活，还可以借助外部世界的各种力量，诸如与身边的人沟通，换一个角度看待问题等，这些都是卓有成效的。

对世界满怀希望

面对同一件事情,乐观的人和悲观的人会有截然不同的态度。

在漫无边际的沙漠里,两个人筋疲力尽地走着,他们又渴又累,仿佛下一刻就会倒地不起。正在这个时候,他们发现前方不远处有半瓶水。乐观的人高兴地说道:"太好了,我们有救了。"悲观的人却不屑一顾地说:"我已经快渴死了,这半瓶水还不够我润嗓子。我好不容易才感受不到口渴,可不想再被这半瓶水招惹得口渴难耐。"就这样,乐观的人捡起水喝了两口,又把剩下的水小心翼翼地保存好,而悲观的人继续拖着两条如同灌满了铅的双腿,机械地朝前走着。很快,悲观的人就远远地甩下了乐观的人。夜幕降临,乐观的人终于喝完了半瓶水,他又开始感到口渴。他依然朝前走着,很快就在路边发现了悲观者失去生命的身体。正当他感到绝望的时候,远处传来驼铃声,隐约还能看见篝火的火光。乐观者振奋精神,一鼓作气朝着驼铃声传来的地方走去。他找到了商队,获救了。

在干旱的沙漠中,如果悲观者和乐观者一样珍惜好不容易得到的半瓶水,那么这半瓶水即使不能完全拯救他的生命,也至少可以延长他的生命,使他有更多的时间等待救援。由此可见,真正的希望只存在于我们的心底,只要心怀希望,我们就能创造奇迹。

世界上,一切客观存在的事物都不是绝对的好,也不是绝对的坏,而是具有两面性。**面对客观事物,我们要积极地看到好的方面,也怀着希望坚持努力和拼搏,这样才能获得自己想要的结果。**反之,如果我们总是悲观绝望,放弃努力,选择"躺平"甚至"摆烂",那么任何好机会都不会青睐我们,我们注定失败。生存,对于所有人来说都不是一件容易的事情,最重要的是我们要拥有发现美好的眼睛,也要坚持以积极的心态迎接生命中的所有际遇。

在大自然中,所有事物既有好处,也有坏处。例如,有人喜欢下雨,因为雨水是生命的源泉,能够滋养地球上的万事万物生长,但是下雨却会让地面变得泥泞不堪,也让那些在恶劣的天气里依然要四处奔波维持生计的人苦恼不堪;有人盼望着冬天赶快到来,这样就能欣赏漫天飞雪,但是下雪天温度很低,使户外工作者面临很大的挑战,既要避免在湿滑的道路上摔倒,也要战胜低温。我们要以辩证的眼光,一分为二地看待所有人和所有事物。

在青春期,孩子们正值初高中学习阶段,不得不肩负起繁重的学习任务,也要承受巨大的学习压力。有些孩子因此怨声连连,抱怨父母、老师剥夺了他们快乐玩耍的权利,也抱怨接二连三的考试让他们无暇喘息;有些孩子则心怀感恩,感恩父母正在全力以赴供养他们读书,也感恩老师耐心细致地传授知识。一个人心怀感恩,就会感谢生命中的所有遇见;一个人心怀抱怨,就会把所有的不如意和不满都归咎于外部的人和事情。有人说,每个人所看到的世界并非世界本来的样子,而是世界在每个人心中折射出来的样子。这句话很有道理。从这个角度来说,**青少年要想看到美好的世界,拥有充满希望的人生,首先要自己心怀希望。**

万事万物都是美好的。青少年要战胜心底的悲观，让自己变得乐观。现实生活中，很多青少年都感到痛苦，不是因为他们被命运亏待，而是因为他们一直在和自己较劲。他们试图改变无法改变的事情，导致自己深陷痛苦之中，无助绝望，又因为内向性格的影响，他们总是压抑的负面情绪，长此以往患上心理疾病。人是主观动物，却不能凭着主观意愿改变将要发生的事情。**既然如此，我们就要学着接受那些不能改变的，继而才能集中力量改变那些可以改变的，毕竟只有学会不与自己较劲，我们才能以舒展的姿态投入生活。**

悲观者常常感到无能为力，也因为意志力不够顽强，所以总是对困难束手无策。一旦发现自己出现上述心理倾向，青少年一定要保持警惕，并且想办法消除这些不良情绪。对于任何人而言，悲观的伤害都是巨大的。

当摆脱了悲观情绪的困扰，端正心态，保持乐观，青少年就将大大获益。例如，乐观者拥有自信，感到幸福，所以能够很大幅度地降低压力水平；乐观者心胸开阔，开朗热情，拥有好人缘，是真正的社交达人；乐观者身体健康，心理健康，很少患上心理疾病，也会因为浑身充满正能量而感染身边的人，最终成功打造正能量场。

小贴士

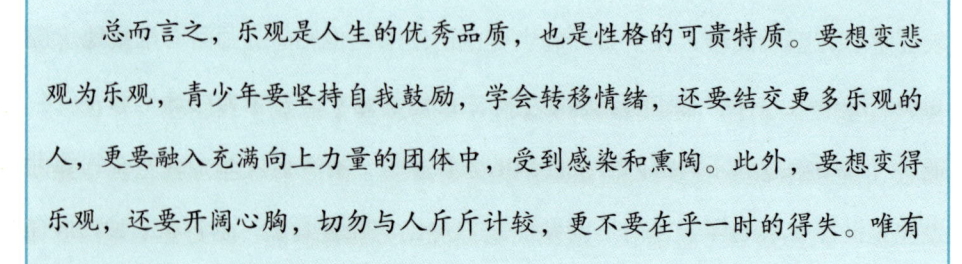

总而言之，乐观是人生的优秀品质，也是性格的可贵特质。要想变悲观为乐观，青少年要坚持自我鼓励，学会转移情绪，还要结交更多乐观的人，更要融入充满向上力量的团体中，受到感染和熏陶。此外，要想变得乐观，还要开阔心胸，切勿与人斤斤计较，更不要在乎一时的得失。唯有形成大格局，拥有长远的眼光，我们才能远离悲伤，与快乐常相伴。

04

第四章

积极性格,
性格是先天因素与后天养
成共同作用的结果

Personality
Psychology

| 第四章 |
积极性格，性格是先天因素与后天养成共同作用的结果

性格是遗传的吗

人人都知道，长相是会遗传的，那么性格呢？性格是否会受到遗传因素的影响呢？对此，遗传学家在进行了长期研究之后得出了结论，认为孩子的性格在较大程度上也与遗传有关。一般情况下，性格遗传有血型遗传，也有直系亲属之间的DNA遗传。

另外，后天的成长和发展也会影响性格。心理学家提出，孩子从小生活的原生家庭、父母教养孩子的方式、孩子受教育的程度，以及在成长过程中的饮食习惯和居住条件等，都会在潜移默化中影响孩子的性格。可见，后天成长中的各种因素都不同程度地影响着孩子的性格。在小时候，孩子的性格还处于萌芽阶段，他们还没有形成自我意识，所以更需要得到生理满足，因而受到外部环境的影响相对较小。随着不断成长，孩子进入青春期，他们的自我意识觉醒，社会性发展开始加速，所以他们的性格形成受到外界的影响越来越大。**此外，青春期还是性格成熟和定型的关键时期，孩子会在青春期形成重要的人生观、世界观和价值观，而这些观念又会反过来影响孩子的性格，因而青春期的成长环境在很大程度上决定了孩子后天性格的形成。**

细心的父母将会发现，有些孩子从出生就很乖巧懂事，只要吃饱喝足就能安然入眠或愉快地玩耍；而有些孩子则像小魔头，总是哭闹不休，常常折磨

得父母濒临崩溃，尤其是在夜晚不能好好地安睡，让父母心力交瘁。那么，他们之间的差别为何这么大呢？针对这种现象，儿童心理学家作出了解答，他们认为婴儿的表现取决于他们先天的气质

心理学家认为，每个人之所以或者活泼，或者理性，或者急躁，或者淡定，或者开朗，或者压抑，很大程度上取决于遗传基因。在一个家庭里，家庭氛围的形成受到不同家庭成员性格的很大影响。例如，有的家庭氛围轻松，主张民主；有的家庭氛围沉默，严肃压抑。所有家庭成员的先天性格决定了家庭氛围，而家庭氛围反过来又会影响孩子的最终性格形成。

其实，很多人的性格都是复合的，而非单一的。有些孩子平日里性格开朗外向，在某些情况下却会表现得很内向；有些孩子平时不喜欢说话，不喜欢与人交往，却会在某种特殊的时刻滔滔不绝。这是外部环境对于性格的影响和作用导致的，也就是我们前文所说的，每种性格都有优势和劣势，只有在合适的环境中，提供需要的条件，才能发挥性格的最大优势，让性格精彩绽放。

那么，外部环境又是如何形成的呢？毋庸置疑，人是创造外部环境的决定性因素。新生命从呱呱坠地开始，必须依赖父母无微不至的照顾才能生存下来，所以父母的脾气秉性、育儿方式、为人处世、家庭生活模式、兴趣爱好等都在默默地影响着婴儿。例如，当父母有条不紊、细致周到地照顾婴儿，婴儿就会得到全面的满足，心情愉悦；当父母毛手毛脚、粗心大意地照顾婴儿，还常常一不小心误伤婴儿，婴儿就无法得到满足，因而情绪焦躁。随着孩子不断长大，父母的言行举止对于孩子的影响也越来越大。有心理学家认为，在婴儿时期，照顾者将会影响孩子的性格形成。在英国，有科学家提出，父母如何关爱孩子，将会影响孩子长大成人之后的心理健康。哪怕孩子只是小婴儿，母亲的爱抚也会在漫长的人生中影响孩子的心理健康和行为表现。很多年轻的父母

忙于工作，把小小的婴儿交给老人照顾和抚养，疏于拥抱和亲吻孩子，更不曾给予孩子全面的照顾和关爱，这将会导致孩子心理冷漠，感情淡漠，不但与父母的关系疏远，而且很难与他人之间建立良好的关系，保持亲密的互动。可见，越是在孩子小时候，父母越是要关爱和照顾孩子，这是给予孩子生命的养料。

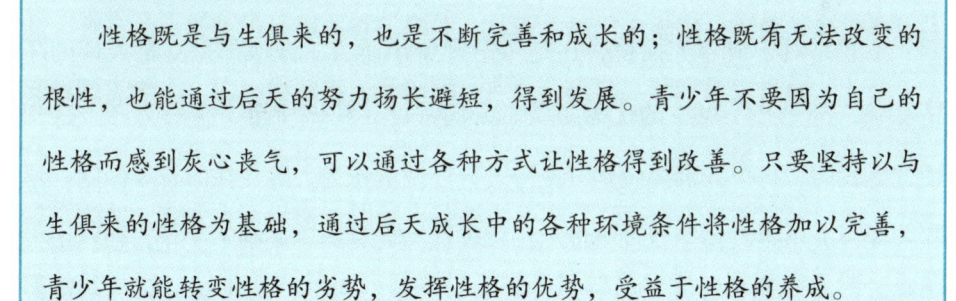

> **小贴士**
>
> 性格既是与生俱来的，也是不断完善和成长的；性格既有无法改变的根性，也能通过后天的努力扬长避短，得到发展。青少年不要因为自己的性格而感到灰心丧气，可以通过各种方式让性格得到改善。只要坚持以与生俱来的性格为基础，通过后天成长中的各种环境条件将性格加以完善，青少年就能转变性格的劣势，发挥性格的优势，受益于性格的养成。

诚信，是立足人世的品格基石

不管是对于成年人而言，还是对于青少年而言，诚信都是立足人世的品格基础，都是必不可少的优秀品质。人们常说，精诚所至，金石为开。这句话告诉我们，每个人都要做到以诚待人，以诚信作为人际交往的首要原则。早在古代，大思想家荀子就告诫世人："天地为大矣，不诚则不能化万物；圣人为知矣，不诚则不能化万民；父子为亲矣，不诚则疏；君上为尊矣，不诚则卑。"这句话的意思是说，只有以诚为本，才能感化万物。

古今中外，每一个成就大事的人都以诚信作为人生的基石，构建人生的大厦。<u>青少年正值人生中身心发展的关键时期，更是要认识到诚信做人的重要性，也坚持以诚信作为为人处世的基本原则。</u>

现代社会中，很多所谓的教育专家提出了全新的教育理念，也教父母们变换各种方式，采取各种技巧教育孩子。和中国世代流传的祖训相比，这些名目繁多的教育理念都是花拳绣腿，抵不过万变不离其宗的祖训。在家庭教育中，如果父母都能教育孩子坚持诚信做人，那么孩子一定能够成人。只有以成人为前提，孩子才能成才。所以，父母要明确先成人后成才的道理，教导孩子诚信为本。

五千年的文明告诉我们，做人，一定要言必信，行必果。一言既出，驷马难追。很多目光短浅者为了获得眼前的利益，无视诚信，最终却因为失去诚信而承受惨重的损失。诚信，带给我们的是长远且丰厚的回报。做人讲究诚信，才能铸就属于自己的诚信招牌；做事讲究诚信，才能赢得更多的机会，获得更多的信任。一个人不管是做人还是做事，都要坚持诚信为本的原则，坚持养成诚信的品格。

曾子，是孔子的学生，始终坚持诚信做人的原则，即使对待年幼的孩子也绝不食言。有一天，曾子的妻子要去赶集。年幼的儿子看到妈妈要去赶集，想到集市上有很多好吃的和好玩的，因而哭喊着要和妈妈一起去赶集。妈妈当然不愿意带着儿子，毕竟集市很远，孩子走不了那么远的路。妈妈想了很多办法安抚儿子，儿子还是在苦恼。突然，妈妈灵机一动告诉儿子："乖孩子，你留在家里等妈妈，妈妈赶集回来就杀猪炖肉给你吃，好不好？"听说有肉吃，儿子馋得连连点头，从妈妈去赶集就搬着小板凳坐在家门口，等着妈妈回来。

傍晚时分，曾子回到家里，看到天色擦黑了，儿子还坐在门外，赶紧询问原因。得知妻子允诺儿子杀猪吃肉，又想到天色渐渐晚了，曾子对儿子说："咱们先回家烧开水，磨刀，等妈妈一回来就杀猪吧。"说完，曾子带着儿子回到家里，和儿子一起忙活起来。

这时，妻子回到家里，看到曾子正在磨刀，惊讶地问："你磨刀做什么？"曾子说："杀猪炖肉啊，你是这么答应孩子的。"妻子无奈地笑着说："你啊，我只是随口一说哄孩子的，这不年不节的，哪能把猪杀了呢。"曾子一本正经对妻子说："教育孩子，一定要讲究诚信。你知道自己是在和孩子开玩笑，孩子却不知道，他只会说父母欺骗了他。他因为吃不上猪肉不信任父母，将来就会欺骗别人。如果他不讲究诚信，将来如何立足呢。"妻子认为曾子说得很有道理，也当即帮忙杀猪。很快，他们全家人都吃上了香喷喷的猪肉，还分了很多猪肉给村子里的邻居们。

《曾子杀猪》不但告诉我们做人要讲诚信，更告诉我们作为父母切勿诓骗孩子，一定要对孩子信守承诺。青少年犯罪心理学家李玫瑾说过，高层次的家庭教育是不教而善，意思就是作为父母要以身作则，才能潜移默化地影响孩子，帮助孩子形成良好的品德。这与曾子的诚信教育不谋而合，值得所有的父母参考和借鉴。

小贴士

青少年要以诚信构筑人生的基石，也要以诚信作为为人处世的首要原则。讲究诚信，不但要对他人信守诺言，也要对自己说到做到。

第四章
积极性格，性格是先天因素与后天养成共同作用的结果

善良，是源自心底的力量

善良，是人生的修正力。在漫长的人生旅程中，我们难免会受到利益的诱惑，也会因为其他原因导致偏离轨道。每当这时，善良就会发挥作用，引领我们回到人生的正轨，也帮助我们克服私心杂念，坚持向善向好。<u>从本质上来说，善良是一种力量。平日里，这种力量潜伏在我们的心底。一旦到了危急时刻，这种力量就会被激发出来，让我们瞬间变得勇敢坚定。</u>在张艺谋导演的《金陵十三钗》中，那些妓院里的风尘女子，为了保护女学生不被日本人糟蹋，全都心甘情愿地换上女学生的衣服，假扮成女学生的样子去见日本人。她们当然知道这不同于平日里的卖身，而是很有可能有去无回，就此陷入人间地狱，甚至失去宝贵的生命。但是，她们大义凛然，义无反顾，这就是她们心底的善良在爆发力量。

很多青少年小时候都读过匹诺曹的故事，也很担心匹诺曹的长鼻子还能不能变回来。幸好，匹诺曹每次偷偷逃学或者闯祸之后，总能意识到错误，也愿意积极地改正错误。这是为什么呢？因为心底的善良告诉他人生正确的方向是什么。每个人都因为心怀善良，才具有人生的修正力，也才能始终保持正确的成长和发展方向。从天性的角度来看，这种源自心底的善良，还在不停地驯服我们的天性。有人说，人之初，性本善；有人说，人

之初，性本恶。其实，不管本性是善还是恶，人都是喜欢放纵自己、让自己享受自由的，而不愿意约束和管束自己。正是因为如此，大多数人都表现得意志力薄弱，需要漫长的时间才能战胜贪图安逸和享受、趋利避害的本能，养成好习惯。而人只要顺应本性，对自己不加约束，就能在极短的时间内形成坏习惯。**其实，在驯服顽劣天性的过程中，善良的力量超过了语言的力量。**

在青春期，孩子的心智发育还不成熟，很多人生的观念都没有真正成形，因而他们看似接近成年人，实际上还是很单纯幼稚的。在做很多理智上认为正确的事情时，他们常常因为缺乏自制力而无法坚持；在面对那些不良诱惑的时候，他们则因为善良而增强意志力，坚持守住行为的界限。

心理学家马斯洛提出了需求层次理论，认为人最基本的需求就是生理需求。一个人如果吃不饱穿不暖，那么他的胃肠功能就会发生变化，与此同时，他的其他功能也会随之变化。例如，他的记忆力降低，理解力下降，感知力减弱，情绪越来越低落，甚至连思维活动所关心的问题都变得完全不同了。随着生理需求得到满足，人更高层次的需求被唤醒。人会想要实现自身的价值，给身边的人带来幸福，因此，人的思想、行为都发生了变化。

影片《志愿军：雄兵出击》中，一位伟大的将领说道："这仗，我们不打，儿子打，孙子打。我们这一代人，一身血，两腿泥，还是我们打吧。"短短的话，道出了伟大的牺牲和奉献精神。要知道，志愿军抗美援朝时新中国刚刚成立不久，我们可爱的战士们浴血奋战才迎来了新中国，却又要去朝鲜战场上战斗。在朝鲜战场上，他们缺衣少食，武器落后，却要与装备齐全、吃饱穿暖的美国兵拼个你死我活。

青春期孩子要养成善良的性格，这样才能明白父母对自己的无私付出，

第四章
积极性格,性格是先天因素与后天养成共同作用的结果

<u>也才会重新审视自己的行为举止,也主动调整与父母相处的模式。</u>渐渐地,他们的善良就会转化为学习和成长的内部驱动力,促使他们发自内心地热爱生活,深刻认识到学习的意义,也愿意坚持不懈地成长。因为善良,他们感恩父母和老师;因为善良,他们以顽强的意志力坚持吃学习的苦;因为善良,他们能包容身边的人,理解身边的人;因为善良,他们坚持做好自我管理,让自己变得更加优秀。

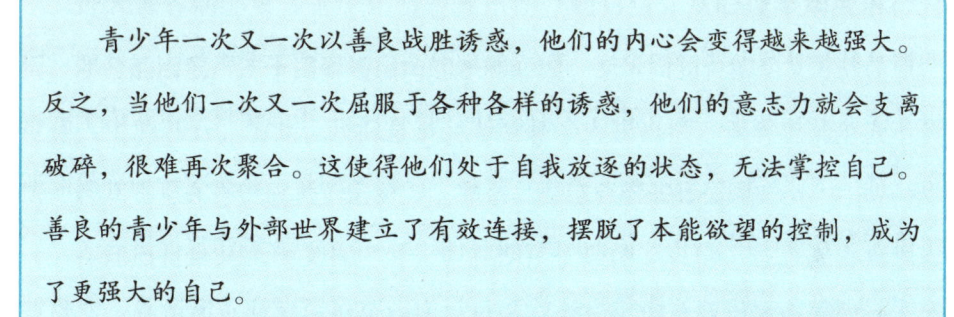

> **小贴士**
>
> 青少年一次又一次以善良战胜诱惑,他们的内心会变得越来越强大。反之,当他们一次又一次屈服于各种各样的诱惑,他们的意志力就会支离破碎,很难再次聚合。这使得他们处于自我放逐的状态,无法掌控自己。善良的青少年与外部世界建立了有效连接,摆脱了本能欲望的控制,成为了更强大的自己。

慷慨，竭尽所能地帮助他人

在很多孩子的心目中，长鼻子的匹诺曹就是撒谎的鼻祖。至于匹诺曹是如何从坏孩子变成好孩子的，前文说过匹诺曹内心深处拥有善良的力量，所以才能拥有修正力，哪怕犯错误也能及时回到正轨。很多父母读过匹诺曹的故事，都试图通过让孩子吃苦的方式管教孩子。遗憾的是，有些吃苦训练没能如父母所愿发挥作用，而严重打击孩子的自信心，带给孩子创伤性挫折。

心理学家提出，匹诺曹虽然缺乏自控力，贪玩、任性、懒惰等，但是他也有很多优点，例如善良、热情、勇敢、乐于助人等。他并非因为受到教训才变好的，而是因为在成长的过程中，他的优点渐渐占据主导位置，而缺点处于次要地位。**对于青春期孩子而言，最重要的不是彻底消除缺点，毕竟世界上没有十全十美的人，而是要发扬优点，从而以优点取代缺点，实现自我管理和自我提升。**

进入青春期，孩子的身体快速成长发育，仅从身形上来看，他们的体格越来越接近成年人。为此，他们迫不及待想要摆脱父母的约束和管教。与此同时，他们的心理发育相对缓慢，和身体发育相比处于滞后的状态。为此，他们陷入矛盾之中，一方面迫切地想要证明自己已经长大了，追求独立；另一方面又不得不依赖父母，需要父母的支持和帮助。

第四章
积极性格，性格是先天因素与后天养成共同作用的结果

要想扭转因为自身缺点造成的困境，青少年们就要学习匹诺曹，慷慨地帮助他人。在帮助他人的过程中，证明自身的能力，放大自身的优点和长处，无形中削弱和否定自身的缺点。渐渐地，优点取代缺点占据着重要位置，就会产生强大的支配力。

不可否认的是，很多人的悲剧都是自身的性格造成的。前文说过，性格一方面取决于先天的遗传因素，另一方面取决于后天的成长环境。当本性与环境处于矛盾之中，慷慨帮助他人，则放大了我们心底的善良，使我们获得更加强大的力量，与充满挫折的命运对抗。从这个意义上来说，帮助他人其实就是帮助自己。西方国家有句俗语，叫作赠人玫瑰，手有余香。<u>当慷慨地帮助他人，我们就能表现出自己超强的能力，也因为付出和给予获得极大的满足。</u>这帮助我们提升自信，振奋信心，也让我们以全新的状态投入各种事情之中，获得前所未有的成功。

其实，每个青少年都面临着环境与冲动的矛盾，也面临着缺点与优点的矛盾，还面临着自己的期望与残酷的现实之间的矛盾。正如人们常说的，理想总是丰满的，现实总是骨感的。现实不仅骨感，而且残酷，总是把难题摆在我们的面前，逼我们陷入进退两难的困境。尤其是对于青少年而言，这样的局面无疑是复杂多变的，也让他们无法应对和招架。

在青春期的成长中，有些青少年意志力薄弱，不能始终坚持刻苦努力地学习，又因为学习压力大，学习竞争激烈，所以他们索性放弃努力，彻底"躺平"。他们遵从本性接受诱惑，也总是拖延做各种事情，满足自身懒惰的天性。事实证明，他们最终会因为缺乏力量和斗志而惨遭淘汰。他们身心孱弱，不知道生存是多么的艰难。

当有朝一日回望成长的过程，很多孩子都发现命运的转折点并非出现在

那些重大的关键时刻，而是出现在一些偶然发生的事情上。青少年要形成慷慨的性格，才能始终与外部世界保持联系，从而在帮助他人的同时满足自身的心理需求、情感需求和精神需求。

> **小贴士**
>
> 　　孩子的成长是立体全面的，很多方面并非彼此独立和隔绝的，而是相互关联、紧密联系的。青少年要把自身的成长视为整体，才能形成全局观，也高瞻远瞩地谋划未来。

第四章
积极性格，性格是先天因素与后天养成共同作用的结果

勇气，让青少年努力向上蓬勃生长

勇气，是青少年自发向上的力量。在世界上生存，每个人的需求有强有弱，只有满足最迫切的需求后，我们才会意识到其他需求的存在。<u>和需求一样，每个人的性格也有强有弱，那些强硬的性格会支配我们的行为，给他人留下深刻的印象。</u>正因如此，我们才习以为常地试图给孩子贴上性格的标签。例如，有的父母认为孩子很懒惰，有的父母认为孩子很任性，有的父母认为孩子很固执，有的父母认为孩子没有主见。在这样评价孩子的同时，父母忽略了性格是多样性的，绝非某种特质可以概括。哪怕父母没有意识到孩子的性格有其他特质，孩子也依然存在其他的性格特质，并且受到这些性格特质的驱动。

在大多数成年人的眼中，孩子的很多性格特点都被边缘化了，它们如同一架设计精良、运行严谨的庞大机器中不起眼的小零件，虽然常常被忽略，却不可缺少，至关重要。例如，很多人耗费漫长的时间和大量的心力研发出来的火箭，在即将升空的前一刻，很有可能因为某个螺丝松了，而不得不终止发射。在世界范围内，最精密、最先进且最复杂的机器，无疑是人。对于人而言，性格又是多变的，很难揣测的。**要想了解一个人的性格，必须从各个方面着手深入挖掘，也要结合对方所处的环境进行精准分析。**

对于正值青春年少的青少年来说，勇气是不可缺少的性格特质。现代社

会中，很多孩子习惯了被当成家庭生活的中心，享受着衣来伸手、饭来张口、无忧无虑的生活，他们害怕吃苦，抗拒吃苦。然而，每个人都必须吃苦耐劳，才能生存下去。对于孩子而言，即使父母很爱他们，也不可能始终陪伴在他们的身边，更不可能永远为他们遮风挡雨。为此，**教育孩子的当务之急就是激发孩子的信心，培养孩子的勇气，让孩子即使面对艰难坎坷的逆境也依然勇往直前。**现代社会中，越来越多的青春期孩子患上了不同程度的心理疾病，这不是因为他们生存的条件恶劣，而恰恰是因为他们一直以来生存的环境太过优越。很多心理学家指出，孩子之所以玻璃心，是因为他们缺乏锤炼，不能吃苦。为此，父母要有意识地提升孩子的抗挫折能力，让孩子如同野草般拥有顽强的生命力，野火烧不尽，春风吹又生。偏偏绝大部分孩子都如同温室里的花朵，风吹不得，雨打不得，弱不禁风。

对于父母而言，只是简单粗暴地评判孩子贪玩、懒惰，是很不负责任的行为。因为这意味着我们的认知存在很大的局限性，也会基于认知而把孩子当成贪玩懒惰的孩子对待。**作为父母，一定要全面认知孩子，认识到孩子除了贪玩懒惰的行为表现之外，还有很多优秀的品质，例如孩子心地善良，慷慨大方，待人热情，百折不挠，等等。**在挖掘出孩子的这些闪光点之后，我们就不会再带着嫌弃的口吻说孩子贪玩懒惰，而是说孩子本心很好，缺点就是懒惰，玩心重。这意味着我们对孩子怀有希望，也想要帮助孩子发挥优点，弱化缺点。

对于孩子而言，这些不被关注的优势仿佛是家具上隐藏的铆钉，尽管很少有人注意到它们的存在，但正是它们才能让家具变得更加美观结实。一旦失去铆钉，那些看似完美的家具就会变成废品，既不成型，也无法起到相应的作用。

需要注意的是，勇气并非与生俱来的性格特质，而是需要后天养成的。很多人虽然天生胆小，有的时候还会表现得很怯懦，但是在某些关键时刻或者紧要关头，他们哪怕犹豫不定、迟疑不决，也终究还是在深思熟虑之后选择勇敢地做好一些事情。在他们身上，勇气仿佛乍现的灵感，并不长期占据性格特质中的重要地位，却以独特的方式鲜明地存在着。因此青少年，切勿把初生牛犊不怕虎的莽撞当成勇气，也不要把明知山有虎偏向虎山行的逞能当成勇气。真正的勇气，是在综合考量之后做出的选择。充满勇气的孩子，会把决心付诸行动，因为一切空想都不如实干；充满勇气的孩子不会三分钟热度，而是在切实推进某件事情的过程中排除万难，坚持到底。对于性格内向的孩子而言，在仔细斟酌之后战胜忐忑不安，举起手来争取得到回答问题的机会，就是勇气；对于有社交焦虑的孩子而言，面对陌生人，能够主动与对方搭讪，就是勇气；对于性格外向的孩子而言，在三分钟热度消退之后，能够坚持不懈地继续努力，坦然面对失败，踩着失败的阶梯向上攀登，就是勇气。

小贴士

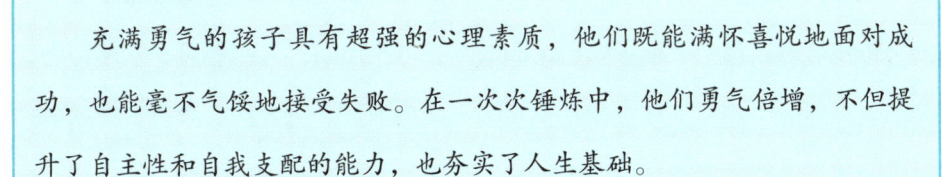

充满勇气的孩子具有超强的心理素质，他们既能满怀喜悦地面对成功，也能毫不气馁地接受失败。在一次次锤炼中，他们勇气倍增，不但提升了自主性和自我支配的能力，也夯实了人生基础。

坚韧，即使面对挫折也绝不放弃

　　心理学家认为，大多数人的先天条件相差无几，只有极少数人拥有独特的天赋，也只有极少数人受到自身条件的限制，无法正常学习和成长。那么对于人类而言，为何有的人攀登到金字塔的顶部，而有的人只能成为金字塔底部庞大基数中的一员呢？真正使人与人之间拉开差距的，是每个人对待失败的态度。<u>古今中外，无数成功者之所以能获得成功，不是因为他们天赋异禀，也不是因为他们拥有天时、地利、人和的完美条件，而只是因为他们拥有坚定不移的决心和永不放弃的毅力。</u>面对挫折，他们越挫越勇，重整旗鼓，继续尝试，坚持努力。与他们恰恰相反，那些始终无法摆脱失败的人，哪怕只是承受小小的挫折和打击，也会一蹶不振，彻底放弃。可想而知，无所作为尽管能帮助我们消除失败的可能性，却也使我们永远与成功绝缘。明智的人知道，既然成功与失败的可能性各占百分之五十，那么我们就要像面对成功一样面对失败，因为胜败都是兵家常事。

　　进入青春期，孩子们进入了与此前完全不同的成长阶段，既感到新奇，又肩负着新的责任和压力。很多孩子凭着一时兴起，立志要做好一件事情。殊不知，有志者立长志，无志者常立志。很多孩子在树立梦想和目标之后只能坚持很短的时间，很快就会感到身心疲惫，失去毅力。其实，他们的目标并不难，诸如每天背诵五个英语单词，每周坚持写一篇日记等，真正难的是坚持。正如人们常说的，一个人做一件惊天动地的大事并不难，难的是始终坚持做好每件小事情。心理学领域的一万小时定律告诉我们，哪怕并非出于兴趣与热爱，长久地坚持做一件事情也终将有所收获。这就是坚持的硕果。

在坚持的过程中，我们必然要面对困难，甚至在某些时刻里感觉自己真的无法坚持下去了。尤其是充满自信、朝气蓬勃的青少年，只凭着莽撞和逞强，是不能坚持走出属于自己的成功道路的。唯有树立坚定的信念，保持顽强拼搏的意志力，保持不可战胜的忍耐力，青少年才能披荆斩棘，抵达终点。这样的青少年具有生命的韧性和弹性，必然卓尔不凡，成就非凡。

在同龄人的队伍里，小可总是显得特别矮小孱弱，因而他极度缺乏自信，总是畏畏缩缩，犹豫不决。有的时候，同龄人还会欺负小可，谁让小可的力量与他们相差悬殊呢。

作为跆拳道教练，爸爸尽管想不明白为何小可没有遗传他高大威猛的身材，却依然想方设法地帮助小可。思来想去，他终于决定教小可学习跆拳道。不过，他事先就对小可声明道：我们学习跆拳道不能欺负别人，只能用于自我保护。

可想而知，对于手无缚鸡之力且胆小如鼠的小可而言，学习跆拳道多么艰难。在最初的体能训练中，小可常常累哭，也不止一次想要放弃。但是，一想到自己在未来的校园生活中还会被欺负，甚至被侮辱，他就打消了放弃的念头，咬紧牙关继续训练。随着时间的流逝，小可的体质越来越好，体能越来越强。如果说小可此前是一棵孱弱的豆芽菜，那么小可现在就是一颗圆润结实的土豆。有了强健的身体，小可开始学习更多的动作和搏击的技巧。在经过一段时间的勤学苦练之后，小可自信心爆棚，居然报名参加了机构内部的跆拳道比赛。显然，小可高估了自己的实力。从比赛一开始，他就处于劣势，几次三番被攻击，甚至被踢倒在地。小可没有哭，强忍着疼痛站起来，继续与对方搏击。看到小可的表现，爸爸欣慰极了。正是凭着这样的精神，小可最终成为了机构里的明星学员，而且升级到跆拳道黑带。如今的小可尽管身材矮小，但是能够如同小宇宙一般爆发出强大的力量，他再也不会害怕任何人了。

坚韧，就是坚强，有毅力，有韧性。大多数人只看到成功者的光环和荣耀，而从未想过成功来之不易，那些成功者在真正获得成功之前，始终咬紧牙关坚持和努力。从这个意义上来说，真正的成功不仅指的是获得理想的结果，也指的是能够克服重重困难坚持到底。**在坚持的过程中，我们渐渐接近了曾经被认为遥不可及的目标，也变得越来越强大。**

很多人都读过《老人与海》，对故事中的老人印象深刻。这位年迈的老人独自出海打鱼，在好不容易才捕捉到大鱼之后，遭到了鲨鱼的攻击。哪怕闻着血腥味接二连三来到的鲨鱼把大鱼撕扯得只剩下一副巨大的骨架，他依然凭着自己的力量把大鱼的骨架带到了岸边。正如他所说的，一个人尽可以被打倒，却不能被打败。其实，这部小说的作者海明威正是如同老人一样永不服输的人。在拳击场上，海明威哪怕受了很严重的伤，流血不止，依然坚持训练。在战场上，海明威被击中，却屹立不倒。在文学创作的道路上，哪怕数次被退稿，海明威也绝不气馁，依然坚持写作。正是因为百折不挠，顽强坚毅，海明威才能克服人生道路上的重重阻碍与难关，成为举世闻名的小说家。

在人生中最宝贵的青春期，我们不管做什么事情都要坚持到底，有始有终。哪怕最终的结果不尽如人意，我们只要坚持到最后一刻，就是没有遗憾的。尤其是遭到他人的质疑、批评和否定时，我们更是要满怀热爱，心怀希

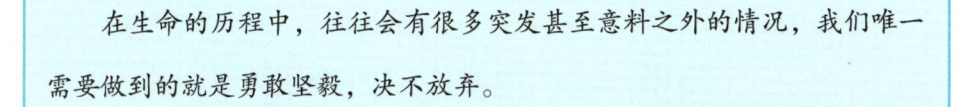

望，继续奋力拼搏。

> **小贴士**
>
> 在生命的历程中，往往会有很多突发甚至意料之外的情况，我们唯一需要做到的就是勇敢坚毅，决不放弃。

自尊，才是真正的个性

在青春期，孩子们的自我意识觉醒，再也不是那个对父母言听计从的小娃娃了。尤其是在与同龄人相处的过程中，孩子们更是常常与小伙伴产生分歧，也因为坚持自己的观点而与小伙伴争执不休。对此，有些孩子一旦看到大多数人都坚持与自己不同的观点，就会放弃自己的立场，选择从众。实际上，真理未必都掌握在大多数人手中，有的时候，恰恰是少数人提出了真理。

很多青少年有着独特的个性，站在人群中特别抢眼，令人瞩目。俗话说，木秀于林，风必摧之。对于出类拔萃、标新立异的青少年，很多人都会对其提出质疑，进行批判。所以，青少年要做好心理准备，意识到与众不同是要付出代价的，也是要承受压力的，甚至还要忍受他人的不理解和不认同。看到这里，正值青春期的你还会坚持个性，拒绝妥协吗？

有些青少年误以为所谓个性，就是追求特立独行，与众不同。其实不然。真正的个性，是以自尊为前提的。正如一位名人所说的，这个世界上从未有两片相同的树叶，同样的道理，世界上也从未有两个相同的人。这意味着哪怕我们不追求个性，也依然是与众不同的。既然如此，**我们就要以自尊为前提，坚持做好自己，切勿为了吸引他人的眼球，博取他人的关注，就盲目地标新立异。**

作为美国著名的教育学家，柯维认为，人的成长阶段分为依赖、独立、互赖三个层次。在第一个层次依赖中，人必须依靠他人才能生存，做自己想做的事情，例如婴幼儿和儿童都处于依赖阶段。在第二个层次独立阶段，人开始独立思考，自主做出选择，也能够承担相应的责任。作为从少年到成年的过渡期，在青春期里，孩子们渐渐地从依赖走向独立，却还没有完全独立。在第三个层次互赖阶段，孩子们真正长大成人，有独立的思想和见解，也会根据自己的意愿做出选择，他们既会借助于他人的力量做出一些事情，也会为他人提供支持和帮助，帮助他人获得成功，这就是互赖。

青少年要想真正独立，就要抓住青春期，学会自立自尊和自重。所谓自立，就是独立思考和解决问题；所谓自尊，就是维护自己的尊严，保持自尊心；所谓自重，就是尊重自己，重视和珍爱自己。具体来说，青少年要形成自己的思想、观点和见解，不要总是盲目地顺从或者依附他人；要发挥主观能动性，提出自己的创见，创造性地解决问题；要始终明确目标，保持正确的方向，正所谓不忘初心，方得始终。真正自立自尊和自重的青少年，既敢于坚持自己的观点，捍卫自己的权益，掌控自己的命运，也拥有鲜明的个性，坚持做真实的自己。

一个人无论怎样改变自己，曲意逢迎他人，都不可能赢得所有人的认可与尊重。既然如此，与其枉顾原则地改变自己，不如做最真实的自己。尤其是在与他人产生分歧或者争执矛盾时，只要认定自己是正确的，就不要轻易改变。其实，很多事情并没有绝对的对错之分，同样的选择对于这个人而言是正确的，对于那个人而言也许就是错误的。

著名画家毕加索，就是自尊自重、真正有个性的艺术家。他尝试着改变自己的创作风格，为此常常突破已经形成的创作模式，保持鲜明的个性。正因如此，他的画作才能给人耳目一新的感觉。

通常，大多数人都认为不该以语言和行为标新立异，还有人认为枪打出头鸟，过于出风头不是好事情。实际上，我们必须适当地展现自己，才能形成独特的人格魅力，也才能以鲜明的个性给他人留下深刻的印象。

> **小贴士**
>
> 青少年要明确自己的人生目标，保持正确的方向；坚持和尊重自己的想法，表达自己与他人不同的观点，哪怕遭到他人的反对和质疑，也绝不轻易改变；培养和提升自己独立思考问题和独立解决问题的能力；坚持审视自己，争取做到客观公正地认识自己，评价自己；打造属于自己的人脉圈层，这样既能与志同道合的人成为朋友，也能与朋友互帮互助，彼此扶持。

自律，才能战胜一切诱惑

有位作家曾经说，一个人首先要学会控制自己，才能实现征服世界的梦想。由此可见，自律多么重要。自律不但是成功不可缺少的条件，也是每个人都很难做到的事情。这是因为人的天性就是趋利避害，因而人的理智每时每刻都在与天性作斗争。天性让我们好逸恶劳，贪图享受，理智却告诉我们必须努力，坚持到底，才能获得想要的结果。正因如此，我们必须保持理性的思考和行动，这样才能克服本能的倾向，不要为了一时享受和满足就选择"躺平"。

常言道，人生如同逆水行舟，不进则退。在人生的旅程中，我们风一程雨一程，走着走着，发现身边的朋友越来越少。我们越是努力，与我们同样优秀的同行者就越少，这其实是成长的必然。那些掉队的朋友们，也许未来还和我们有着点头之交，也许能够在片刻思考之后想起我们的名字，但是他们已经和我们不属于同一个圈层了。**对于青少年来说，最重要的就是不掉队，继而在有余力的情况下争取超越他人，突破自我。**

当一个人真正自律，且能自控，他们就会拥有强大的力量控制自己的情绪。哪怕在暴怒的状态下，他们也能迅速调整情绪，或者按下情绪的暂停按钮；即使面对花花世界里的各种诱惑，他们也能保持理性，不会心智迷乱。

在成长的过程中，青少年也面对着形形色色的诱惑。例如，是选择埋头苦学，还是玩电脑游戏；是选择留在家里复习功课，还是与同学相约一起看电影；是选择当即完成该做的作业，还是选择暂时"躺平"，等到最后关头再拼命补作业；是选择大快朵颐满足口腹之欲，还是选择控制饮食保持健康苗条的身材；是选择喝一杯奶茶，还是选择喝一杯白水……这些选择无疑都是对青少年的巨大考验。有些青少年缺乏自控能力，很容易在这些考验中败下阵来，缴械投降。也有些青少年拥有顽强的意志力，也拥有强大的自控力，不管在什么情况下，也不管面对怎样的诱惑，始终都能坚持初心，笃定做好该做的事情。换而言之，他们一旦打定主意实现某个目标，就可以咬紧牙关对自己狠起来的。古今中外，无数伟大的人物之所以能逆转命运，创造奇迹，恰恰是因为他们能自律，更能自控。

要想战胜诱惑，青少年要坚持自我约束和自我管理。尤其是在面对各种突发情况和意外情况时，一定要抑制住本能的冲动，始终保持冷静和理性。这就要求青少年有意识地培养自律和自控的性格。毕竟人生的道路是非常漫长的，谁都无法预见人生中会发生什么样的事情，面临怎样的局面。既然如此，就要以自律自控的性格做到以不变应万变。这也正是掌控命运的秘诀。

最近，有位导演要筹拍新戏，来到戏剧学院挑选合适的男演员担任主角。这位导演特别认真，在进行了初步的筛选之后，开始依次面试所有入围初选的男演员。他把男演员带到空教室里，让男演员阅读他所提供的台词，他的要求是男演员必须声情并茂，并且表现出语言的张力。对于戏剧学院里缺乏表演经验的学生们而言，这个要求无疑很高，也是需要他们特别努力才能接近的。

在空教室里，每个学生阅读台词时，都会被突然出现的小猫吸引注意力，而三心二意地看向小猫。由于没有始终盯着台词，当他们把视线从小猫身上收回到剧本上时，他们往往无法在第一时间找到自己刚刚阅读的段落。为此，导演淘汰了很多学生。在考核完所有学生之后，导演发现只有一名学生没有受到小猫的干扰，专注流畅地读完了所有台词。导演好奇地询问学生为何没有看向小猫，学生的回答简单又淳朴，他说："在接受考核之前，老师告诉我要不间断地读完所有台词。而且，我必须始终沉浸在台词营造的氛围里，才能声情并茂。"导演满意地点点头，这个学生正是他需要的好演员。

在成长的过程中，每个人都会面临诱惑，成功者善于自制，而失败者则很容易被外界因素干扰。青少年要主动培养自律自控意识，并且坚持亲身实践，这样才能养成自律自控的性格。

自律自控除了要战胜各种诱惑之外，还要学会面对和接受自己抗拒的事情。例如，即使作为学霸，孩子们也不能做到真心喜欢学习，尤其是不愿意完成繁重的学习任务。有些孩子因此放任自己，逃避学习，偷懒不做作业，最终变成了学渣。有些孩子有着超强的自控力，他们能够战胜玩游戏的欲望，以理性要求自己必须先保质保量地完成作业，才能有闲暇时间休息和娱乐。为此，玩游戏的欲望变成了他们自我激励的方式和手段，使他们更专注地投入学习，也提前完成既定的作业，最终实现双赢。这就合理解释了为何有些孩子在学习方面没有天赋，也并不纯粹热爱学习，但是轻轻松松变成了学霸，因为他们理智、自律，也因为他们始终保持高效，每一分每一秒都实现了最高效用。可见，学霸养成需要自律和自控的加持。

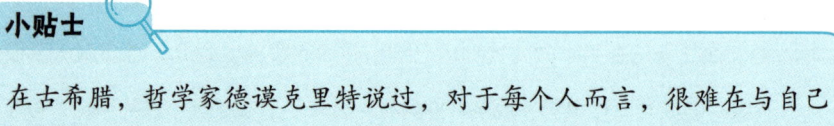

小贴士

在古希腊,哲学家德谟克里特说过,对于每个人而言,很难在与自己的内心开展的斗争中获胜,只有那些深思熟虑的人才能做到这一点,这是真正的胜利。可以说,这是对于自律和自控的人最大的认可与肯定。

谦逊，源自强大的内心

一个人无法掌握所有的知识，哪怕已经在某个领域通过精耕细作获得了一定的成就，也不可能做到无所不知，无所不能。人们常常说知识的海洋，这是因为知识如同海洋一样无穷无尽。进入青春期，孩子们正处于快速学习，掌握和积累知识的起步阶段，切勿因为学习了一些知识或者掌握了某些技能就骄傲自满，停滞不前。学习，恰如一场漫长的马拉松比赛。在小学阶段，孩子们与很多同龄人一起向前奔跑。随着升入初中，考上高中，孩子会发现身边的同行者越来越少，那些依然与自己齐头并进的同龄人却和自己一样优秀。有些孩子因此而失去优越感，不知道自己该如何做才能从同龄人中脱颖而出；有些孩子选择接受现状，既然不能再像小学阶段一样突出，不如就以现在的排名情况作为起点，努力进步。

为何会出现这样的情况呢？在小学阶段，大多数孩子都是根据自己家的住址，遵循就近入学的原则读书的。小学毕业时，很多父母都为孩子择校，把孩子送到私立学校或者是更好的公办学校读书。在初中升高中时，因为高中不属于义务教育阶段，所以绝大部分孩子都需要拼尽全力学习，才能在中考中取得好成绩，如此才能进入自己理想的高中。诸如省市级重点高中里，有很多优秀的孩子，他们都是从初中过五关斩六将考进来的，所以他们再也不是鸡窝里的凤凰，而是凤凰窝里的凤凰。这使得他们从表面看来与其他同学无异，既不占据优势，也没有与众不同的优点。在进入高中之前，他们在初中学校很可能是名列前茅的佼佼者，现在却成为众多同行者中最普通且最不引人注目的一员。可想而知，他们必然会产生巨大的心理落差。与此同时，那些依然很突出很优秀的孩子，看着同样优秀的同学们被自己远远甩下，难免会感到骄傲，也会因此得意洋洋。

其实，不管是什么规模的考试，最终的目的都是为了检验前一段时间的学习成果。**随着学习进程的不断推进，学习的理念、模式和方法都要与时俱进发生改变，这样学习者才能以不变的学习和进取心态，应对万变的学习环境和形势。**越是在同龄人里中显得出色，我们越是要保持谦虚低调的作风，而切勿肆意张扬，招人嫉恨。此外，还要始终保持虚心好学，否则只靠着此前积累的知识，我们是无法始终超越同龄人的。俗话说，活到老，学到老，正是这个道理。

学无止境。**青少年无论在学习方面的表现多么突出，也无论掌握了多少有用的知识，都切勿眼高于顶，骄傲自负。**唯有公正地评价自己，不卑不亢地为人处世，始终保持谦逊温和，才能坚持提升自我修养，也才能形成优秀的品质。

在中国气象学领域中，竺可桢是尽人皆知的伟大科学家，也对气象研究工作做出了巨大的贡献。可以说，迄今为止，只有极少数人能与竺可桢相提并论，足见竺可桢在气象学领域不可替代的地位和引人瞩目的贡献。

竺可桢把自己的一生都贡献给了气象事业。在去世之前，他的身体情况急剧恶化，很难独自坐着。即便如此，他依然虚心求教孙女婿，让孙女婿讲授关于高能物理基本粒子的一些知识。哪怕遭到妻子的反对，竺可桢也不为所动。

作为气象学领域的老前辈，竺可桢在去世之前还坚持请教孙女婿，正是因为他始终谦虚好学，所以才能让自己的人生散发出璀璨的光芒。我们要学习竺可桢的精神，不要因为学习了少量的知识就狂妄自大，也不要认为自己已经足够优秀，所以不需要继续努力了。每个人都要坚持学习，尽量提升自己的知识储备量，也要全身心投入地体验现实生活，铸就自身的优秀品格。**需要注意的是，谦逊温和与不卑不亢是相辅相成的，完全不同于缺乏自信和自我贬低。**正如大文豪鲁迅先生所说的，每个人都要有伟大的胸怀，来面对悲惨的命运，以笑脸相迎；面对不幸的命运，则要鼓起百倍的勇气。因为唯有如此，人人才能挺直脊梁，做顶天立地的人，也才能真正成为强者。

小贴士

常言道，海乃百川，有容乃大。对于青少年而言，要想成为包容万物的大海，就要把自己置身于低处。当青少年始终保持谦逊，积极进取，以强大的内心面对人生的各种际遇，那么青少年就会变得越来越强大，越来越坚定勇敢。

感恩知足，才能拥有充实的人生

很久以前，在美丽的王国里，国王最喜欢自己的后花园。在处理朝政感到昏头涨脑之时，在身心俱疲意兴阑珊之时，他常常去花园里散步。有一天，他来到花园里，却惊讶地发现花园里一片凄凉衰败的景象，原来，花花草草全都枯萎了。这究竟是怎么回事呢？国王当即召唤园丁询问缘由，原本，他想责怪园丁照顾花花草草不够用心，后来却发现事情并非他所想的那样。这些花草全都是"自杀"的，而非因受虐待而亡。

又高又大、树干笔直的松树很羡慕葡萄藤能弯弯曲曲地缠绕在架子上，也羡慕桃树和梨树能开出娇艳美丽的花朵，因此郁郁而终；牵牛花一直渴望能像紫丁花那样散发出浓郁的芬芳，而不满足自己的小喇叭花香味寡淡，患上了严重的抑郁症，生命渐渐枯竭。很多其他的植物也与松树、牵牛花一样，羡慕其他植物，却又无法做到和其他植物一样，因此灰心丧气，绝望无助。最终，国王只在花园的一个角落里，发现了有一棵小草旺盛地生长着。他问小草："小草啊小草，那些比你茂盛、比你娇艳的植物都枯萎了，你为何这么坚强呢？"小草高兴地回答道："尊敬的国王，不管是一棵树，还是一朵花，或者是一株葡萄，或者是一株牵牛花，都要好好地做自己，能快乐地活着就是最大的幸运。"小草的话让国王陷入了沉思，他的烦恼和忧愁仿佛都烟消云散了，他知道自己要和小草一样感恩知足，坚强勇敢。

第四章
积极性格，性格是先天因素与后天养成共同作用的结果

现实生活中，很多人之所以感到不快乐，或者常常抱怨命运不公，是因为他们从未感恩知足，而是陷入与他人无尽的攀比中。毫无疑问，每个人的能力都是有限的，世界上从未有无所不能的人，也就注定任何人都不可能随心所欲。又因为每个人的境遇不同，所以人生也会呈现出不同的局面。**要想获得快乐和满足，最重要的就是接纳自己，知道自己的能力，从而避免因不自量力而使自己陷入烦恼的深渊。**

人人都应该学会感恩，才能感谢自己所拥有的一切和所经历的遭遇，也对身边的人充满感谢。现代社会中，很多青春期孩子从小就习惯了接受父母和其他家人无微不至的照顾与无私忘我的付出，为此渐渐地养成了以自我为中心的坏习惯，甚至误认为哪怕是家人以外的人也要围绕着他们转。这样的误解使他们一旦走出家门，步入校园或者社会，就会产生抱怨，或者心怀不满。其实，只要转变心态，认识到他人的一切帮助和馈赠都是难能可贵的，也真心实意地感谢他人，青少年就会改变心态，消除抱怨。

新生命从呱呱坠地，就开始接受父母全方位的照顾和关爱；随着不断地成长，孩子与朋友一起玩耍，分享快乐，分担痛苦；进入校园里开始学习之后，老师毫无保留地传授知识给孩子，也苦口婆心告诉孩子做人做事的道理。从自然的角度来说，每个人要想生存，离不开自然母亲的供养，既需要阳光雨露微风拂面，也需要向土地要粮食、向大海要各种海洋生物以维持生存。哪怕是风霜雨雪，也能磨炼我们的意志，锻炼我们的体格，使我们变得更加强壮。为此，**我们要感恩一切拥有，一切遇到，一切生命的呈现。**

没有感恩之心的人，常常抱怨自己经历的一切，唯有充满感恩之心，才能感谢生命的际遇。心怀感恩，不但让我们学会感谢，也让我们变得更容易满足、更快乐。从本质上来说，感恩就是幸福的源泉。每个人从小在充满爱的环

境中成长，也随着不断长大而经历坎坷挫折，变得越来越强大。

> **小贴士**
>
> 在生命的历程中，正是每一件事情的综合作用，才能成就今天最好的我们。所以，不要再为无法改变的过去而唉声叹气，不要再为正在发生的现在而怨声连连，更不要再为尚未到来的未来而忧心忡忡。我们要以感恩之心对待当下的一切，充实地度过生命中的每一个今天，这样才能创造美好的未来，也收获无怨无悔的过去。

放下，获得真正的自由

在生命的历程中，总有些事情出乎意料，或者不尽如人意。面对这些已经发生的事情，最重要的是学会放下。唯有放下，我们才能获得真正的自由。很多人之所以牢骚满腹，患得患失，是因为他们拿得起，放不下，因而禁锢了自己，让自己始终背负着沉重的负担。

从前，有两个小和尚结伴去山下化缘。他们走到半山腰的小河边时，正准备过河。这时，有个年轻的妇人走到他们的身边，自言自语地抱怨道："这条河水这么湍急，又不知道深浅，我可怎么过去呢！"听到妇人的话，一个和尚当即不假思索地说道："这位女施主，可需要我背你过河吗？"妇人高兴得连声道谢。就这样，和尚背着妇人过了河。妇人再次感谢他之后，他就和另一个和尚继续赶路了。路上，另一个和尚始终喋喋不休："你可真是凡心不死啊，我们作为出家人怎么能背着妇人过河呢。如果师父知道了这件事情，一定会狠狠地惩罚你。"起初，背着妇人过河的和尚对此充耳不闻，但是另一个和尚依然不停地数落着他。他双手合十，说道："师弟，凡心不死的不是我，而是你。我们都过河这么久了，你始终无法放下这件事情，反倒是我虽然背着妇人过河，却在把妇人放下的同时放下了这件事情。你呀，纯粹是自寻烦恼。"被称为师弟的和尚愣住了,沉思片刻,满脸羞愧。

俗话说,**不把俗事挂心头,就是人间好时节。**现实生活中,很多人之所以总是有各种烦恼,是因为他们没有学会放下。有些人在遭遇小小的挫折之后,常常抱怨命运不公,或者把责任推卸到他人身上;有些人自从做出了小小的成就之后,就总是把这些不值一提的成功挂在嘴边,自我吹嘘。这两种行为都是放不下的表现。

昊轩正在读高二,他平日里学习表现很好,一到考试成绩就会出现比较大的波动,因为他的心理素质不好,会产生考试焦虑,尤其是在考试中遇到难题时,马上就头脑中一片空白,心慌意乱。

眼看着就要进行高二阶段的第一次全市统考了。这次考试将会进行全市排名,昊轩也能知道自己相比起中考成绩的排名是进步了,还是退步了。为此,他提前很长时间开始准备迎接考试,也因此更加紧张了。考试前一个星期,昊轩每天都吃不下,睡不着,妈妈看到昊轩的样子很担心,说道:"昊轩,考试固然重要,你也不要把考试看得过重。你越是紧张,临场发挥越是糟糕,反而会起反作用。"昊轩当然知道妈妈说得有道理,但是他无法控制自己的紧张,因而抱怨道:"妈妈,你可真是站着说话不腰疼,我马上就要接受检验了,能不紧张么!"妈妈想了想,对昊轩说:"妈妈送你八个字,如果你能做到这八个字,那么在这次考试中一定会有突破性进步。"昊轩好奇地看着妈妈,不知道妈妈将要说出来的八个字是什么,也不知道这八个字究竟有怎样的魔力。妈妈字正腔圆地说道:"不念过往,不畏将来。"昊轩大失所望,说:"妈妈,这不就是网络上流行的鸡汤文吗,都被大家说烂了,根本帮不到我。"妈妈耐心解释道:"不念过往,就是考试每结束一个科目,就要彻底放下这个科目,如果因为在这个科目中的表现不好而感到焦虑紧张甚至是担忧,那么必然影响接下来其他科目的考试。所以,每次考完一个科目,就要彻底放下这个科目,更没有必要刚刚结束考试就对答案,这样除了徒增烦恼之外,根本于事无补。不畏将来,指的是即使前面的科目考砸了,也不要因此就对后面的科目感到担心,更不要强求自己在后面的科目中进行弥补。只要以平常心对待每一门科目的考试,让每门科目都作为独立的科目得到良好的对待,整体考试的成绩不管是高还是低,都是可以接受的好成绩。"

听妈妈说得头头是道,昊轩陷入了深深的思考中。他笑着对妈妈说:"妈妈,这八个字的确能帮助我改掉在考试中的坏习惯,我会牢牢记住并且努力实践的。"

很多青春期孩子都很看重学习,因而常常对考试感到焦虑,导致影响临场发挥。其实,只要牢记昊轩妈妈所说的"不念过往,不畏将来",在考试中学会放下考过的科目,勇敢地迎接接下来要考的科目,那么即使不能做到超常发挥,也至少能做到正常发挥。

小贴士

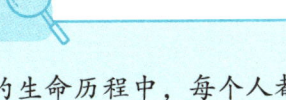

在漫长的生命历程中,每个人都会遇到很多不如意的事。要想最大限度发挥自身的能量,创造美好的未来,就不要把心力耗费在那些已经无法改变的事情上。不管是对于学习还是对于人生,我们都要坚持"不念过往,不畏将来",这样才能轻装上阵,勇敢前行。

希望，铸就永不放弃的人生

有两只小青蛙特别顽皮，每天都结伴四处觅食。有一天，它们因为贪吃，一不小心掉入了牛奶罐。对于小青蛙而言，这可是灭顶之灾。一只青蛙当即崩溃地大哭起来，歇斯底里地喊道："完蛋了，完蛋了，这只牛奶罐这么高，我们又没有着力点，这下子是跳不出去了。"这么想着，它游动得越来越慢，很快就沉到了牛奶罐的底部。

看到亲爱的小伙伴沉入牛奶罐的底部，另一只小青蛙虽然感到很伤心，但是它并不绝望。它暗暗想道："我要坚持游动不沉底，这样才能等到机会逃出牛奶罐。"这么想着，它加倍努力地游动。每当感到疲惫时，它就想象自己逃离牛奶罐回到小池塘里的情形，也回忆起和家人们一起生活在小池塘里的幸福时光，就再次充满了力量。小青蛙不知道自己游了多久，正当它感到精疲力竭，再也无法坚持下去时，它惊喜地发现牛奶变得越来越黏稠了，它甚至可以踩踏着牛奶，拼尽所有的力气跳出牛奶罐。原来，因为它不停地跳动和蹬踏，原本液体状的牛奶变成了奶酪。就这样，小青蛙重获了自由。那只轻易放弃努力，沉入牛奶罐底部的小青蛙，做梦都想不到它的伙伴居然能凭着努力逃离牛奶罐，回到对于它们而言堪比天堂的小池塘里。如果知道会有这样的结果，那它还会轻易放弃吗？

第四章
积极性格，性格是先天因素与后天养成共同作用的结果

看完这个故事，我们也许会感到疑惑：人究竟是因为看到了希望，所以才能坚持到底，还是因为选择了坚持到底，才能看到希望呢？其实，这两者兼而有之。**当人们心怀希望，坚持做某些事情时，随着不断地推动事情向前发展，就会发现更多的契机，创造出更多的奇迹，由此进入良性循环状态，在得到正向激励之后更加充满希望。**与此相反，那些轻易选择放弃的人则陷入了负面循环之中，他们悲观地看待一些事情，导致心中的希望非常渺茫，甚至彻底失望，由此他们必然会懈怠或者放弃，使得事情变得更加糟糕。这仿佛验证了他们此前对于事情悲观的想法，使他们更坚定不移地在错误的道路上渐行渐远。

正如人们常说的，人生不如意十之八九，这意味着一个人即使迫切地渴望获得成功，也不可能把每件事情都做得尽善尽美。既然如此，就要**学会做最坏的打算，朝着最好的方向努力**。这是因为过高的期望会使人倍感失望，影响实际行动，而适度的期望却能使人收获意外的惊喜，受到极大的鼓舞和激励，充满强大的力量，争取做得更好。在人生的道路上，所有人都必然会经历坎坷挫折，也难免遭到失败的打击。青少年也是如此。虽然青少年还没有正式步入成年人的生活，但是正值初高中的关键学习阶段，所以在学习方面面临的挑战还是很大的，也因此承受着巨大的压力。既然如此，更要咬紧牙关，坚持到底，不到最后时刻，绝不放弃。有人说，一个人做一件惊天动地的大事并不难，难的是坚持做好每一件小事情。的确如此。在这个世界上，天上从来不会掉馅饼，更没有人能一蹴而就。正如古人所说的，不积跬步无以至千里，不积小流无以成江海。**青少年要想在学习上创造更好的成绩，就要在平日学习的过程中坚持点滴努力，获得小小进步。**相信在日积月累之后，那些不起眼的成功一定会绽放光彩，引人瞩目。

常言道，失败是成功之母，失败也是通往成功的阶梯。当然，前提是我

们面对失败依然能鼓起勇气,继续尝试,不懈坚持。有人一旦失败就一蹶不振,彻底放弃努力,那么他们根本不可能获得成功。质量互变定律告诉我们,量变引起质变。很多人误以为这是数学定律或者是物理定律,其实,这是哲学家们以自然探索和社会认知为基础,提出来的一条普遍规律。这个定律告诉我们,当物质的量发生变化,那么物质的性质也会发生变化。这条定律同样适用于日常学习和工作。每个人要想获得质的飞跃,就要坚持点点滴滴的进步。**不断地积累小小的进步,最终才能获得想要的成功。**

在青春期,很多孩子都感受到巨大的学习压力,也常常觉得无法承受繁重的学习任务,为此意志消沉,行为被动。其实,孩子们无须为自己制定过于远大的目标,否则就会在坚持努力而没有实现目标时灰心丧气。正确的做法是结合自身的情况,以现状为出发点,制定适宜的目标,让自己努力实现目标,这样才能获得成就感和满足感,激励自己再接再厉,再创辉煌。

小贴士

西方国家的谚语——罗马不是一天建成的,与我们国家的俗语——一口吃不成个胖子,蕴含着同样的道理,都告诫我们要脚踏实地,坚持进取。在人生中,只有轻易放弃才是真正的失败。对于那些勇敢坚持,每次都能从失败中汲取经验和教训的人而言,失败只是一次凤凰涅槃,必将成就更强大的自己。

第四章
积极性格,性格是先天因素与后天养成共同作用的结果

博大,让人生海纳百川兼容并包

关于博大,法国著名作家雨果曾经说过:"世界上最宽广的是海洋,比海洋更宽广的是天空,而比天空更宽广的是人的胸怀。"这句话形象贴切地说明了人应该胸怀广阔,容纳天空与海洋,容纳整个世界。和那些小肚鸡肠的人总是斤斤计较相比,**胸怀广阔的人不管面对他人无意之间犯下的错误,还是故意对自己进行的伤害,都能够做到包容理解,也能以德报怨**。这样才能化干戈为玉帛,也才能让原本剑拔弩张的关系变得和谐融洽。反之,心胸狭隘的人总是牢记他人的错误或者对自己的伤害,暗自生气,用别人的错误折磨自己。越是在人际矛盾与纠纷中,越是能体现出一个人的气量是博大还是狭隘。当意见出现分歧时,心胸广阔的人能够求同存异,既保留自己的意见,也尊重他人的意见;心胸狭隘的人却总是与人争辩,试图说服他人,让他人接纳自己的观点,想方设法地证明他人是错误的,唯有自己才是正确的。可想而知,没有人愿意与心胸狭隘的人相处。

古往今来,所有成就伟大事业的人都有着博大的胸襟和宽广的胸怀,他们就像大海有容乃大,也因而排除万难赢得最终的成功。诸如,盛唐时期的君主李世民,开创了中国一百多年的盛唐时期,也因此在历朝历代的君主中久负盛名。他之所以能做出如此伟大的功绩,是因为他不同于大多数君主的心胸

狭隘，反而以博大的胸怀听取大臣的逆耳忠言和劝谏。魏徵是历史上赫赫有名的谏臣，如果他劝谏的对象不是贤明的李世民，而是其他小肚鸡肠的君主，那么这样直言进谏，他就会因为得罪君主而一命呜呼了。在李世民在位期间，有很多和魏徵一样的忠臣提供中肯的建议，也把握各种机会提醒李世民要更加贤明，所以唐朝才会开创贞观之治的繁盛局面。

李世民拥有博大的胸怀，因而开创了大臣进谏，君主虚心听谏的新风气。有一次，李世民下令征兵，要求哪怕是不足十八岁的青壮年，只要身高达到一定的标准，就要积极地响应征兵的号召，为国出战。这个命令被魏徵私自扣留了，李世民看到自己下达命令后迟迟没有回音，得知是魏徵扣下了命令，因而火急火燎地催促魏徵赶紧传达命令。但是，魏徵对于李世民的催促充耳不闻，依然按着命令。李世民失去耐心，勃然大怒，命人召来魏徵，把魏徵训斥了一通。魏徵丝毫不恼火，而是耐心地对李世民说："如果把那些不足十八岁的孩子都派上战场，那么就相当于涸泽而渔，将来池塘里的水干了，就再也没有鱼了。对于国家而言，派出不足十八岁的孩子去战场，就会大幅度减少劳动力，将来税收必然很困难。况且，您这次的命令与此前的命令自相矛盾，作为君主可不能言而无信，出尔反尔啊！"听到魏徵苦口婆心的劝谏，李世民意识到这么做的确不妥，就收回了命令。

还有一次，魏徵在朝廷上当着文武百官的面怒斥李世民，把李世民气得险些吐血。他怒气冲冲地回到后宫，破口大骂，还扬言要杀死魏徵。皇后听到李世民的气话，特意换上朝服面见李世民。她先是恭喜李世民，让李世民感到很好奇，不知道皇后为何恭喜，因而询问皇后其中的缘由。皇后娓娓道来："臣妾听闻一个国家之所以能繁荣富强，是因为大臣敢于直言进谏，这样就能帮助君主更好地治理国家；一个国家之所以快速衰败没落，是因为大臣都只会溜须拍马，大唱赞歌，导致君主根本无法

第四章
积极性格，性格是先天因素与后天养成共同作用的结果

认清楚自己哪些地方做得好，哪些地方做得不好。皇上把国家治理得井井有条，国泰民安，正是因为皇帝贤明，所以大臣才敢直言进谏。正是因为如此，臣妾才恭喜皇帝。"李世民何等聪明，当即就明白了皇后的意思，也意识到自己要想当明君，就一定要重用像魏徵这样的谏臣。

每一个成就伟大事业的人，都要博大包容，才能赢得成功。在社会生活中，不管我们扮演着什么样的角色，又处于什么样的地位，都要坚持培养自己博大的心性，才能包容他人，与人友好相处，也才能包容世界，让自己胸怀广阔。

进入青春期，很多孩子陷入各种苦恼之中，常常心灰意冷，情绪波动。要想保持愉悦的心情，始终以稳定的态度坚持学习和成长，孩子们就要提升内心的包容度，让自己的内心变得更加宽容博大。这样一来，那些原本不值一提的烦恼就会在广阔胸怀的衬托下，变得渺小和微不足道。很多孩子苦恼的事情都是很微小的，但是他们却陷入微小的烦恼中无法自拔，这与他们的心思太过狭隘密切相关。

小贴士

青少年要立足高远，让目光变得长远，也要宽容博大，让所有不快和烦恼都不值一提。

第五章

青少年的九型人格

Personality Psychology

完美型人格要允许自己犯错

对于完美型人格者而言,每件事情都要争取做到最好,才能有完美的结果。因为过度追求完美,所以他们常常忽略了外部的条件,也会置各种不利的因素于不顾。很多完美主义者都具有强烈的主观性,他们误认为凭着主观愿望和意志就能改变很多事情。这样的想法使他们显得很偏执,常常不顾客观的条件与他人提出的合理建议,与此同时,他们对于自己也总是严格苛刻,不允许自己犯任何错误。长此以往,他们总是苛责自己,使自己承受巨大的压力,也总是逼迫自己表现更好,让自己不堪重负。

在现实生活中,很多青少年要求自己在考试中必须取得年级前三的好名次,如果不能如愿以偿,他们就会无法控制对自己的愤怒,还有可能迁怒其他人。在职场上,有些完美主义者在合作中提出解决问题的建议和方法,遭到他人的反对,他们就会勃然大怒,认为对方压根没有仔细思考他们的提议,更没有真正理解他们的用意。在学习和工作中总是出现这样的情况时,我们该怎么做呢?

要想避免出现各种过度追求完美的问题,我们就要深入了解完美型人格的各种特征。通常情况下,完美型人格者常常对自己和他人提出过高的要求,以追求完美。当然,这也并非意味着完美型人格只有缺点,没有优点。实际上，完美型人格具有很多显而易见的优点，诸如拥有顽强的意志力和坚忍不拔的精神，排除万难追求进步，具有很强的原则性，坚持真理和正义，也追求公平合理。不管对待什么事情，完美型人格者都认真严谨负责，绝不敷衍了事。正因如此，完美型人格的青少年才会在学习中表现突出，每次都能考取不错的成绩，也常常能够赢得老师的喜爱和父母的赞赏。和那些选择"躺平"的孩子相比，完美型人格的孩子原本就有强大的驱动力，驱使自己竭尽所能做得更好。有些孩子对自己非常苛刻，绝不允许自己犯任何错误。由此一来，他们就会过于自我挑剔，常常批评、否定甚至打击自己，导致自己承受着巨大的心理压力。众所周知，学习是漫长的过程，任重道远，而绝非一日之功。过于追求完美，往往会使孩子一旦在学习上表现欠佳，不能达到自己的满意，就会心烦意乱，忐忑不安。为此，对于"躺平"的孩子，老师和父母要多多鼓舞和激励他们，甚至采取激将法刺激他们，但是**对于完美型人格的孩子，父母和老师则要有意识地帮助孩子减轻压力，引导他们接受不完美的结果，勇于面对和接纳失败**。这样才能帮助孩子缓解焦虑，以更从容的心态面对学习。

　　除了在学习方面外，在人际交往方面，完美型人格者也常常面临困境。他们一则对自己高标准严要求，二则对他人高标准严要求，因而导致自己和他人都承受巨大压力，最终使人际关系越来越紧张。要想改变这种局面，完美型人格的青少年就要学会放松心态，接纳自己和他人的不完美。**对于完美型人格的青少年而言，他们最大的优点是高度自律，做事情严谨认真，具有内部驱动力；最大的缺点是过于追求完美，导致自己和他人都神经紧绷，无法以轻松的心态实现可持续性发展**。如果完美型人格的青少年能够坚持内省，有意识地放宽对很多事情的要求和标准，那么就会发现原本的那些不满意其实都是令人满意的，值得欣慰的。举个简单的例子，有些孩子考了99分，当即欣喜若狂，认为自己距离满分只差一分，简直太厉害了；有些孩子考了99分却万分沮丧，他们责怪自己为何偏偏要丢掉这一分，否则就能考取满分了。毫无疑问，后者就是典型的完美型人格者。**只要看到自己的努力，认可自己的付出，并且认为自己得到了想要的结果，坦然接受自己的不完美，那么完美型人格者的心态就会转变，也能做到如同前者一样满足和喜悦。**

小贴士

从现在开始，我们不要再执着于获得绝对完美的结果了，唯有如此，我们才能摆脱过于执着引起的焦虑，真正地放松下来。当我们学着原谅自己，原谅他人，学着接受努力的过程，我们就能感受到更多的快乐和满足，而不再与自己较劲。

助人型人格要先爱自己

助人型人格者是当之无愧的爱心大使，他们乐于奉献，甘愿为了他人付出，甚至是牺牲。<u>他们心地善良，总是满怀善意地对待身边所有的人，也竭尽所能地帮助身边需要帮助的人。</u>正是因为有他们的存在，整个世界才会充满爱与善意，也才会变得越来越温暖。助人型人格者之所以乐于付出和奉献，并非为了获得相应的回报，大多数情况下他们的付出和奉献是无私的，不求回报的。对于他们而言，帮助他人本身就是一种快乐和满足，这正印证了一句话——赠人玫瑰，手有余香。

在了解助人型人格的各种优点之后，我们会忍不住想：助人型人格真是完美的人格。其实不然。每一种人格类型都有优点和缺点，事实证明，助人型人格者也会有很多苦恼。例如，助人型人格者渴望被他人需要和依赖，这是他们实现自我价值的重要方式。当他们积极地对他人付出之后，如果得到帮助的人并没有对他们的善意进行回应，他们就会感到沮丧和失望，因而陷入不被重视和需要的负面情绪中。换言之，<u>助人型人格者实现自我价值的重要方式之一，就是对他们付出和奉献，且被他人积极地回应，从而确定自己对于他人而言是重要的、不可或缺的。</u>此外，很多助人型人格者具有很强的占有欲，他们固然心甘情愿地对朋友无私付出和奉献，却情不自禁地想要控制朋友，独占朋友，也希望朋友只接受他们的帮助，只与他们当朋友，而远离其他人。

从心理学的角度分析，助人型人格者常常过于关注和在乎他人的感受，无形中忽略了自身的真实需求，这直接导致他们很容易陷入不被他人重视和需要的负面情绪中。 从本质上来说，每个人都不应该通过帮助他人的方式，实现和肯定自身的价值，因为每个人都是独立的生命个体，拥有与众不同的成长环境、为人处世的风格与标准。这意味着哪怕助人型人格者慷慨无私地帮助他人，他人也未必会像助人型人格者所希望的那样积极地做出回应。有些得到帮助的人甚至并不需要助人型人格者的帮助，这样必然导致被帮助者和助人为乐者之间的关系变得尴尬。

从助人型人格者的角度来说，唯有学会尊重自己，满足自身的需求，以自信的状态平衡好自己的需求与他人的需求，积极地表达自己的真实想法，而非忘却自我只顾着迎合与满足他人，才能实现自身的价值，让自己获得满足。 人与人的关系总是相互的，当助人型人格者真正了解自己，也尊重自己时，就能做到尊重他人，给予他人需要的帮助，以他人喜欢的方式帮助他人。很多助人型人格者都把自己当成救世主，把帮助他人的行为表现为施舍和怜悯，正因如此，他们才会引起被帮助者的反感，也遭到被帮助者的拒绝。由此可见，只有先爱自己，助人型人格者才能更好地爱他人，帮助他人，与此同时收获他人的感谢与回赠的爱。在此过程中，助人型人格者消除了原本就不该产生的各种压力，让自己作为付出的一方，与对方作为得到帮助的一方，都感到轻松愉快。

那么，青少年是如何形成助人型人格的呢？有心理学家对此进行了研究，发现大多数助人型人格者在成长的过程中都有过被忽视的经历，他们为了赢得他人的认可与关心，会去迎合他人的喜好，做他人希望他们做的事情。渐渐地，他们形成了固定的思维模式，即只有先爱他人，才能得到他人的爱，这就是助人型人格的雏形。从家庭教育的角度来说，父母要主动重视与关爱孩子，让孩子得到心理与情感上的满足。从孩子自身的角度来说，当意识到自己具有助人型人格时，要有意识地改变取悦他人的倾向，不再试图以迎合和满足他人的方式赢得他人的尊重和重视。关键在于要爱自己，尊重自己，以独立的姿态对待他人，这样就能与他人之间建立良好的关系，维持健康平等的互动，从而渐渐地改变助人型人格者取悦他人和占有他人的倾向。

小贴士

在青少年群体中，助人型青少年乐于助人，以帮助他人为快乐，也常常以力所能及的方式关爱他人，给他人带去温暖，这是值得提倡的行为。正因有了他们的无私付出，人与人之间的关系才和谐友善，群体才能增强凝聚力。

成就型人格要控制欲望

对于青春期孩子而言，拥有成就型人格固然能鞭策和激励自己不断努力进取，但是会因此承受巨大的压力，每时每刻都在与班级里成绩优异的同学较劲，每时每刻都在与身边表现出色的朋友一较高下，始终认为凭着自己的资质和条件，一定能远远地甩下对方十八条街。直到被现实残忍地打脸，又灰心丧气，自我否定，压根不知道如何面对糟糕的自己。成就型人格的青少年还会犯一个错误，即"好汉偏提当年勇"，只要说起自己曾经取得的好成绩，就滔滔不绝，口若悬河，此外，他们还喜欢为自己设定远大的目标，也自认为只要能够实现目标，就会得到更多人的羡慕和钦佩。

具体来说，成就型人格的青少年充满自信，坚强勇敢，具有很强的好胜心，也具有很强的野心，尤其看重自己所取得的一切成就，并且喜欢与他人展开竞争，把自己的成就与他人的成就进行比较。在学习中，他们不甘心落于人后，却因为自身能力有限而无法实现不切实际的目标；他们积极地投身于与优秀者的竞争之中，却因为表现欠佳而被他人吊打，由此走向两个极端，要么彻底放弃努力，接受现状，要么便如同打了鸡血一样，不自量力地加倍狂妄。对于青少年而言，如果意识到自身拥有成就型人格特质，那么就要小心防范自己会在追求成功不得之后，受到失败的严重打击，也产生各种负面情绪，例如担心无法得到他人的尊重和喜欢，担心遭到他人的挖苦和讽刺等。

从心理学的角度进行分析，成就型人格具有如下两个明显的特征。第一点，成就型人格者具有显而易见的优势，因此他们自信满满，拥有强烈的好奇心，而且精力旺盛。正因如此，他们才会如同永动机一样不知疲倦，执着于探索各种新鲜的事物，也有所收获。在学习的各个阶段，他们都会设定明确的目标，并且拼尽全力达成目标。在班级里，他们最喜欢得到老师表扬和接受颁奖的高光时刻，他们会因此而骄傲自豪，却也被激发出更强劲的竞争力，让自己坚持不懈，再接再厉，再创辉煌。第二点，成就型人格并非只有优点。事实证明，成就型人格也有很多缺点，这是需要我们努力克服的。通常情况下，成就型人格的青少年表现欲很强，他们很容易从自信满满发展到极度自负，这使得他们特别喜欢炫耀，由此招致他人的反感和厌恶，毕竟没有谁愿意听他人喋喋不休地自我吹嘘。要想成就更好的自己，在人际交往中受到他人的欢迎，成就型人格的青少年要致力于完善性格，既要控制住表现欲，也要减少控制欲，更要降低自我吹嘘的次数，最好能做到谦虚低调地与人相处，这样才能给人留下好印象。

了解了成就型人格的优点和缺点，作为成就型人格的青少年，我们是否会感到忧虑和担心呢？其实，我们没有必要过度担忧，归根结底，是欲望过多导致成就型人格的缺点更加突出。要想从根源上避免成就型人格的缺点，我们就要有意识地降低欲望，减少控制欲，也学会理性地认识和评价自己，以免过于自负，狂妄自大。

具体来说，我们要停下匆匆忙忙前进的脚步，用更多的时间思考。例如，当在学习上陷入困境时，不要急于盲目地采取措施，而是要按下暂停键，让自己内心放空，获得全身心的休息，这样反而更有助于思考。再如，不要始终认为自己是无所不能的,事实证明世界上没有任何人是全能的,一个人只有客观认清自己的优势和劣势,才能扬长避短。还要避免把所有的功劳都归于自己,毕竟一个人的力量是有限的,每个人都离不开团体中其他成员的协助。只有坚持如上做法,我们才能精准地定位自己,避免在不切实际的目标中迷失自我,也避免因为过去的成就而自我吹嘘。

> **小贴士**
>
> 当我们怀着谦逊的心态对待学习和成长,也愿意尊重和平等对待身边的人,那么我们就能做到扬长避短,发挥成就型人格的优势,避免成就型人格的缺点,让自己变得更优秀。

自我型人格要脚踏实地

自我型人格具有很强的个性和独立性,也形成了一套标准认知和自我评价,他们拥有丰富的感情,因而表现得细腻敏感。他们常常以自我为中心,尽管充满自信,但是很容易走向自负的极端,无法正确认知和正确评价自己。对于自我型人格的青少年而言,一定要摆脱以自我为中心的思维模式,才能减少不切实际的空想,脚踏实地、一步一个脚印地走好人生之路。

前文说过,每种人格都既有优点,也有缺点,自我型人格当然也不例外。对于自我型人格者而言,最大的优点就是习惯于进行自我反省,从而发现符合社会规则的、真实的自我。他们敏感细腻,富有同情心,善于与人共情,因而能够理解他人,也能做到尊重他人。与此同时,他们特别看重细节,为人处世小心谨慎,也因为情感丰富而表现出艺术气质。很多自我型人格者都是音乐家、绘画大师、作家等。这充分说明自我型人格者是富有浪漫气息的,也有着极其丰富敏感的内心世界。

自我型人格者的缺点,在于他们总是以自我为中心,沉浸在对很多事情不切实际的想象中,因而无形中就会脱离实际,陷入空想之中。他们最擅长的事情就是幻想着自己能够获得成功,他们是典型的空想家,而非实干派,这使得他们往往停留于空想,不能当机立断采取行动。最终,他们的幻想破灭了,他们为此很颓废沮丧。

进入青春期，很多孩子都容易好高骛远，这是因为他们的身体快速发育和成长，他们的身形在很短的时间内就接近于成年人，所以他们对自己形成了错误的认知，认为自己在体格和力量方面与成年人无异，而且在能力和水平方面也能与成年人看齐了。其实不然。和身体发育的速度相比，青少年的心智发育速度相对缓慢，这意味着青少年即使在身体和力量方面接近成人，在心智发育方面却依然不够成熟。为此，青少年必须及时明确自我认知，为自己确立切实可行的目标，也保证发展的方向是正确的，才能打破幻想破灭的死循环，也才能避免各种负面的情绪和想法。有些青少年因为好高骛远，最终幻想破灭，导致心灰意冷，患上心理疾病，这是令人扼腕叹息的。

对于自我型人格的青少年而言，当务之急是客观地观察和认识自己，理性地审视和评判自己，也全面思考自己固然有很多伟大的设想，但是始终没有努力地以行动实现梦想。由此，青少年才能坚持正确的自我认知，也根据当下的环境和自身的条件，改变不切实际的想法，变为脚踏实地做该做的事情。

自从升入重点高中，小马就一直郁郁不得志。在初中阶段，他不但在班级里名列前茅，而且也是年级的佼佼者。在如愿以偿升入理想的重点高中后，他原本以为自己进入高中依然能够大显身手，远远地超越他人，结果却发现高中里强者如林，很多学生都比他更优秀。在开学不久的第一次摸底考试中，小马原本想要一鸣惊人，最终却只考取了班级三十几名，在年级里排一百多名。对于小马而言，这样的成绩和排名当然是很难接受的，为此，他意志消沉，甚至有些后悔自己为何要竭尽全力考入这所重点高中。他暗暗想道：当初，我要是去了普通高中，必然能够成为老师喜欢、同学羡慕的学霸。只可惜啊，我的选择失误了。

得知小马居然有这样的想法，妈妈当即对小马进行心理疏导。一方面，妈妈让小马知道随着升入更高级的学府，身边的同行者必然越来越优秀，所以小马需要加倍努力才能脱颖而出；另一方面，妈妈劝说小马接受当下的排名，也以当下的排名为起点，努力进取，争取有所进步。在妈妈的安慰和鼓励下，小马终于摆正心态，做到客观认识自己，也端正心态在学习的道路上开始了新的征程。

小马遇到的情况并不罕见，很多青春期孩子在初中出类拔萃，在好不容易升入理想的重点高中之后，却发现自己被无数优秀的同学湮没了，因而必然感到失落和沮丧。这就需要积极地调整心态，接纳现状，才能以当下为起点继续努力，继续前进。

小贴士

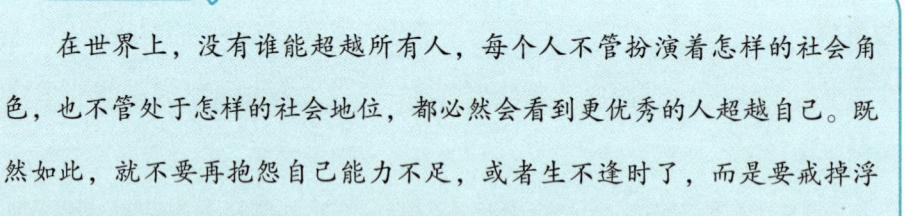

在世界上，没有谁能超越所有人，每个人不管扮演着怎样的社会角色，也不管处于怎样的社会地位，都必然会看到更优秀的人超越自己。既然如此，就不要再抱怨自己能力不足，或者生不逢时了，而是要戒掉浮躁，脚踏实地地坚持进取。哪怕进步的速度很慢，步伐很小，只要坚持不懈就能获得突破和超越。

理智型人格要学会表达

理智型人格的青少年渴望学习更多的知识，掌握真理，因而对于学习满怀热爱。对于大多数青少年而言枯燥乏味且抽象的、晦涩难懂的知识，对于理智型人格的青少年而言却充满了趣味性，也是非常生动的，所以他们会主动探索真理，学习和掌握新知识。面对各种问题，他们喜欢把抽象的逻辑思维与具体的形象思维结合起来进行思考，这大大提升了他们解决问题的效率。他们是沉着冷静的，很少因为感性而冲动。他们会表现出超乎年龄的成熟稳重，使人怀疑他们的真实年龄。其实，这只是因为理智型人格的青少年具备典型的理智型人格特征而已。

理智型人格如果始终保持理想的状态，就会呈现出学识渊博、温和懂礼、有条有理、临危不乱的模样。 他们仿佛是低调的学者，正是因为学习了很多知识，所以才知道知识的海洋多么浩瀚无边，而自己的所学又是多么浅薄和有限。对于理智型人格的青少年而言，要充分发挥理性的优势探索世界。在校园生活中，他们喜欢进行分析和研究活动，也在突破和解决学术性难题方面表现出独特的天赋；具有很强的独立思考能力，所以既擅长创新，也擅长发明，因此深得老师的喜爱，也受到同学的追捧；思维谨慎，三思而行，始终保持着独立思考的好习惯，也会在自己擅长的领域中做出一些贡献。总之，他们非常优秀，出类拔萃，卓尔不凡。

然而，理智型人格的青少年也是有缺点的。因为倾向理性思维，所以他们往往缺乏感性思维，并不擅长处理很多复杂的人际关系。简而言之，他们具有很高的智商，情商水平却令人担忧。他们拥有独立的个性，可以特立独行地做好很多事情，也解决一些难题，为此他们哪怕并不害羞，也不愿意发展社交关系，因为他们认为社交关系对他们而言毫无存在的必要。毋庸置疑，人是具有社会属性的，每个人都是社会的一员，都不可能脱离社会而独立生活，这就意味着理智型人格的青少年常常因为缺乏社交而变得越来越孤单寂寞，也因此感到焦虑紧张和不安，这直接影响了他们的全面发展。

对于理智型青少年而言，理性固然能够帮助他们解决各种难题，感情也是不可或缺的。只有多一些感情，理智型青少年才会变得更加温暖，给身边的人带来如沐春风的感觉，继而与身边的人建立良好的人际关系。**对于理智型人格的青少年而言，要认识到法不外乎人情，在很多情况下应该如何做固然重要，从感情的角度出发思考和权衡问题，继而做出有温度的选择和决策同样重要。**每个人都既有理性也有感性，因而我们要多多地感受自身的情绪变化，有意识地让自己从冷冰冰变得具有温度，充满爱意，从坚硬如铁变得更加柔软温和。

很多理智型人格的青少年都不知道应该如何与人搭讪，这使得他们哪怕理性上认识到自己要积极主动地发展人际关系，行为上也不知道该如何去做。**其实，万事开头难，当他们终于鼓起勇气与人搭讪，迈出与人交流至关重要的第一步，那么接下来的事情就会进展得更加顺利。**举例而言，在诸如课堂、小组学习、社团活动等各种各样的场合里，理智型人格的青少年要积极地发言，当着很多人的面表达自己的想法和观点，让自己为他人所了解和熟悉。继而，他们就会发现公开表达意见是增强勇气的好机会。与此同时，当他人发表意见时，理智型人格的青少年要积极地做出响应，这样做既能让自己充满人情味，也能给他人留下好印象，可谓一举两得。

此外，理智型人格的青少年要发挥自身人格的优势，解决人际关系的难题。例如，理智型人格的青少年具有很强的理解能力，那么就可以设身处地为他人着想，理解他人的难处和苦衷，从而与他人形成共情，最终赢得他人的信任。还有些青少年很擅长逻辑推理，那么就可以推论出他人的难言之隐，从而消除他人的尴尬。

小贴士

总之，只要青少年有意识地发挥人格的优势，避免人格的劣势，就能在社会交往中占据优势，占据主动地位，获得良好的社交效果。

忠诚型人格要减少忧虑

很多人都看过一部感人至深的影片,名字叫作《忠犬八公的故事》。这部影片再现了发生于1925年的一个真实故事。在主人上班的日子里,忠犬八公每天都会去车站等待主人下班,然后跟在主人的身后,陪主人一起回家。有一天,主人因为突发疾病离开了人世,八公一如往常地等在车站,却始终没有等来主人。它当然不知道主人再也不会回来了。此后的每一天,它都去车站等待主人归来,直到生命的最后一刻。

看完这部影片,我们都被八公对主人的忠诚所感动。其实,不管是对于八公而言,还是对于人而言,忠诚都是特别优秀的品质。在现实生活中,很多人都喜欢狗这种动物,不仅因为狗能通人性,也因为狗对主人特别忠诚。在青少年群体中,那些拥有忠诚型人格的青少年同样具有忠诚的品质与美德。

一般情况下,忠诚型人格的青少年特别友好,爱好和平,尊重权威,也愿意遵守社会公德与秩序,从不违背道德,更不触犯法律。他们品德高尚,行为正直,他们与他人之间互相尊重与信任,建立了良好的关系。在团队合作中,他们表现出强烈的合作意识,不但认真负责地做好本职工作,而且竭尽所能地配合其他团队成员的工作,既能赢得他人的信任,也能给他人带来安全感。在老师的心目中,他们是品学兼优的好学生;在父母的心目中,他们是听话懂事的好孩子；在同学的心目中，他们是值得学习的榜样；在朋友的心目中，他们是值得信任和托付的人。总而言之，在人际交往中，拥有忠诚型人格的青少年总是信守承诺，也对同伴无比忠诚，因而能与同伴之间建立稳固的关系。

当然，忠诚型人格的青少年并非只有优点。事实证明，他们也是有缺点的。具体表现为，<u>在缺乏正确引导的情况下，他们的性格发展未必能保持正确的方向，例如会出现自我压抑的倾向，也会出现过度的教条主义，也就是人们常说的迂腐。</u>他们特别尊重权威，也对权威有害怕和恐惧的心理，有的时候还会盲目迷信权威，甚至舍弃自己的观点和想法；他们面对很多事情都会产生悲观的想法，又因为特别害怕犯错误，因而索性逃避，避免面对各种挑战和尝试。在校园生活中，忠诚型人格的青少年不但对老师言听计从，对班干部也会无条件服从，他们不想计较是非对错，只想息事宁人，维持表面的和平。

作为忠诚型人格的青少年，要学会调整心态，减少焦虑和忧愁。在与人交往时，真正的朋友不会因为我们一句无意的话就生气离开我们；明智的老师、父母更不会因为我们的某个观点有失偏颇就对我们另眼看待。俗话说，人非圣贤，孰能无过。就连成年人都会犯错误，更何况是处于成长过程中的青少年呢？面对那些无关紧要的错误，即使犯了严重的错误，只要积极地反思且改正错误即可。只要从中吸取教训并改正即可，更不用焦虑。

小贴士

要想放下忧虑，第一，要形成独立的思想和见解，也坚持以自己的方式为人处世，这样才不会迷信权威，也不会因没有发生的事情扰乱现在的心绪；第二，要坚持自我肯定，切勿自我贬低，这样才能做到既尊重自己，也尊重他人，真正做到与他人平等相处。

活跃型人格要坚持努力

在各种类型的人格中，活跃型人格是最有趣的。需要注意的是，这里所说的活跃既包括普通意义上的充满活力，也包括想方设法地追求享乐。**活跃型人格者乐观开朗，积极向上，对新鲜的事物充满好奇，总是精力充沛，是最受大家喜欢的开心果，能够给大家带来欢声笑语**。可想而知，活跃型人格的青少年拥有良好的人际关系，总是受人欢迎。他们头脑灵活，思维敏捷，常常能够提出令人耳目一新的观点和主张，并且满怀热情，勇于探索自己喜欢的事物和知识领域。

在了解了活跃型人格者的诸多性格特质之后，我们完全可以把活跃型人格者归入乐天派之中。他们完全符合乐天派的各种特征，不但乐于享受命运的各种馈赠，而且具有顽强的意志力，哪怕面对命运的各种打击也依然能保持积极乐观的心态，从不轻易向残酷的命运缴械投降。当然，这并不意味着他们从不产生消极情绪和负面情绪。事实是，每个人都有可能产生积极情绪，也有可能产生消极情绪。当那些生性悲观的人长久地沉浸在悲观情绪中时，活跃型人格的青少年却很快就能消除消极情绪。这固然有助于他们摆脱消极和负面情绪，让他们始终怀着积极向上的力量，却也使他们更加关注享受快乐，因而成为享乐主义者。

第五章 青少年的九型人格

在日常生活中，他们唯一关心的就是自己能否获得快乐，而忽略了事情本身的是非对错。为此，他们很容易放纵自己去做很多事情，也追求奢靡的生活，享受奢靡的生活。当然，这是针对成年活跃型人格者而言的。对于活跃型人格的青少年来说，他们还不具备条件追求和享受奢靡的生活，因为他们依然要以学习为主。在学习领域，活跃型人格的显著缺点就是三分钟热度。他们仿佛小熊掰玉米一样只能对感兴趣的事情保持短暂的关注，最终掰了一个玉米又丢掉一个玉米，注定一事无成，毫无收获。

众所周知，享乐的反义词是吃苦。为此，**要想改变活跃型人格的青少年享受快乐的倾向，就要引导青少年学会吃苦，坚持吃苦**。这里所说的吃苦，并非让青少年感受痛苦，而是让青少年明确目标和方向，并持之以恒地努力，最终实现目标。正是通过坚持不懈地实现目标，青少年才能磨炼自身的意志力，提升自身的忍耐力，也锤炼自己，让自己变得更加强大。对于他们追求快乐的倾向而言，这种方式是积极的，也是正向的，能够使他们获得满足。

需要注意的是，很多活跃型人格的青少年都不够坚持，为此必须有意识地克服懒惰，戒掉拖延，保持专注，才能提升各方面能力，获得长足的进步和发展。看到这里，也许很多活跃型人格的青少年都会感到担忧，生怕自己因为三心二意、半途而废导致最终的失败。其实，**只要坚持点点滴滴地改变，最终一定能够收获全新的自己**。例如，不要制定过于远大的目标，否则就会因为不管多么努力都无法实现目标而颓废懈怠。最好的办法是制定小的目标，这样在努力实现目标之后就能获得小小的改变，也能获得大大的成就感，从而实现自我激励，也让自己继续坚持做出改变。例如，与其设定在下次考试中前进二十个名次的目标，不如设定在下次考试中前进五个名次的目标。相比前一个目标，后一个目标是更容易实现的，也是小小的进步。再如，设定每天阅读十分钟的目标。和半小时的阅读目标相比，十分钟的阅读目标显然是更容易实现的。相信在长久的坚持之后，青少年既能养成阅读的好习惯，也能渐渐地延长阅读的时间，最终实现以书香浸润心灵的远大目标。事实证明，只有以实现诸多小目标为前提，青少年才能形成信心，制定更大的目标。在一次又一次实现小目标的过程中，青少年渐渐具备了坚持完成任务的超强能力。

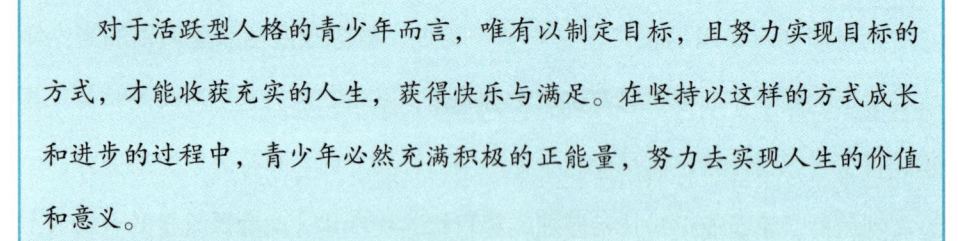

> **小贴士**
>
> 　　对于活跃型人格的青少年而言，唯有以制定目标，且努力实现目标的方式，才能收获充实的人生，获得快乐与满足。在坚持以这样的方式成长和进步的过程中，青少年必然充满积极的正能量，努力去实现人生的价值和意义。

领袖型人格要倾听他人的意见

领袖型人格者往往精力充沛，他们有着明确的目标，而且极富正义感。为了实现目标，他们会号召其他人紧密团结在自己的身边，也会表现出杰出的领导能力。在团队中，他们出类拔萃，一呼百应，既能够确保团队中所有成员努力的方向是正确的，也能发挥奉献和牺牲精神，从而确保其他团队成员不被欺负。**具有领袖型人格的青少年往往能够发挥自身的号召力和影响力，使整个团队紧密团结，发挥出更强大的力量。**

然而，领袖型人格的青少年也是有缺点的。在校园生活中，他们主动追求权力，例如他们争先恐后地竞选班级干部，或者寻找机会在学校的学生团体中担任重要的职务。一旦拥有想要的权力，他们就会渐渐地表现出独断专横的性格特点。**他们很享受权力带来的权威感、统治感和成就感。**为此，他们常常无视他人的意见或者建议，也不能做到虚心接受他人的劝谏。在领袖型人格的青少年中，有些青少年表现出一定的攻击性。他们还会把攻击性与权力结合起来，导致自己变本加厉地试图控制他人，或者侵犯他人的权益。

在认识到领袖型人格所具有的优点和缺点后，青少年要想完善人格，首先要意识到一个人即便具有领袖型人格，也未必能够真正成为领袖人物。领袖人物并不是要凌驾于他人之上发号施令，而是要做到把集体的利益看得高于个人利益，能够改变发号施令的坏习惯，授权给那些有独特才华且值得委以重任的人，此外还要认识到和权威相比，平等地对待他人更加重要，和某件具体的事情相比，人才是更加重要的。唯有面面俱到地做到上述要求，具有领袖型人格的人才能提升自身的能力和水平，成为真正的领袖。

对于领袖型人格的青少年而言，要适当克服天性，以免进入独断专行的误区，做到理解他人，积极地接受他人的意见，这样才能持续完善自身的性格。此外，还要主动反省自己，正如古人所说的，一日三省吾身，领袖型人格的青少年要更加积极主动地反省自身，才能及时意识到自己有哪些地方做得不够好，哪些地方需要改进和提升。毫无疑问，对于领袖型人格的青少年而言坚持自我反省很难，第一步是要认识到自己绝非无所不能的，保持谦虚低调的心态，这样才能形成健康的人格特征。第二步，青少年要停止沉迷于权力之中，认识到权力的力量是有限的，而权力的本质是更好地服务于他人。举个简单的例子而言，作为班长，如果只会利用权力对全班同学作威作福，那么显然会招人记恨。唯有形成服务的心态，带领全班同学主动学习，团结友爱，也想方设法帮助其他同学，为其他同学排忧解难，才能真正树立威信，赢得同学们的尊敬和拥戴。

高一刚刚开学，老师还来不及组织选举班干部，只好先在班级里选出临时班长。老师在班级里公开发出倡议，询问大家："哪位同学愿意先当临时班长，为大家服务？"大多数同学都赶紧低下头，毕竟同学们之间还很陌生，当临时班长无疑是个苦差事。这个时候，刘峰高高地举起了手，说道："老师，我想当临时班长，我愿意为同学们服务。"也许是这句话打动了老师，老师当即委任刘峰担任临时班长。

刘峰自从当了班长，动辄对同学们吆五喝六，还常常对同学们下达命令。仿佛他不是服务于同学的班长，而是在班级里作威作福的"地主"。短短一周过去，同学们对刘峰的印象特别糟糕，到了真正选举班委的时候，刘峰虽然发表了热情洋溢、打动人心的演讲，但是再也没有同学愿意把宝贵的一票投给刘峰。就这样，刘峰落选了。因为刘峰特别强势，喜欢命令他人，所以很多同学都不想和刘峰当朋友。刘峰很孤独，百思不得其解，自己为什么会成为孤家寡人。

在这个案例中，李峰如果不能积极地反省自身，意识到自身的缺点，有意识地改进和完善人格，那么他非但不能担任班干部，而且还会被同学们疏远和排挤。由此可见，领袖型人格的青少年固然有很多优点，也会有很多缺点，只有客观公正地认知和看待自己，才能在成长的道路上有更出色的表现。

领袖型人格的青少年不管是在班级里还是在学校里担任什么职务，都要认识到这份职务带来的责任，也要端正自己对待该职务的态度。

小贴士

其实，学校之所以设置不同的职务让同学们以竞选的方式上岗，一是为了让同学们分担学校的各项工作，二是为了让同学在实际工作的过程中锻炼和提升自身的能力，既培养同学的领导力、合作力，也培养同学的服务意识和奉献精神。

和平型人格要冲出安逸区

对于和平型人格者而言，走出舒适圈，冲出安逸区，是最重要的。和平型人格的一个显著优势是具有超强的平衡力，遇柔则柔，遇强则强。他们的性格谦逊温和，不管面对弱势的人还是强势的人，他们都能保持平衡的相处状态，游刃有余地与对方建立和保持良好的关系。他们性格率真，待人坦诚，真实自然；他们善解人意，待人友善，与世无争。因此，在青少年群体中，和平型人格的青少年人缘很好，处处受人欢迎，总是能给人带来温暖舒适与平和安定的感觉。有些和平型人格的青少年特别与世无争，超乎寻常地淡然从容，往往会显得对外部世界的人和事情缺乏热情，冷淡麻木。长此以往，他们自身的成长和发展会受到负面影响，他们既没有明确的目标，也就无法选择正确的方向，他们还常常主次不分，生活混乱且无秩序。面对这样的情况，他们必须当机立断远离舒适区，才能逼迫自己重新确立目标和方向，也拼尽全力坚持努力。

何为舒适圈呢？所谓舒适圈，就是一个人们特别熟悉且感到轻松自在的无形圈子，也就是人们所生存的环境。在这个环境中，人们对一切都尽在掌握，因而表现得胸有成竹，舒适安然。**和平型人格者很善于为自己打造这样的舒适圈，他们待在舒适圈里仿佛待在自己的小世界中，从不会紧张和恐惧，更**

不会不舒服。 他们心安理得地待在舒适圈，仿佛井底之蛙，对外部的世界一无所知；他们满足于生活的现状，失去了拼搏和奋斗的动力。**这无形中限制了他们的发展，使他们在人生的道路上逆水行舟，在不知不觉间就远远地落后了。**

在学习竞争日益激烈的班级里，小轩却始终不急不躁，淡定从容。如果不是因为学习压力大，优秀的对手林立，妈妈真的要认为小轩这样的性格很好，至少不会内耗。然而，小轩正处于初三紧张的学习阶段。在学习的道路上，每个人都要拼尽全力向前奔跑，否则就会被远远地甩下。眼看着小轩已经接连被好几个同学赶超了，妈妈简直心急如焚。每当妈妈提醒小轩要奋起直追，小轩总是气定神闲地说："妈妈，我一直以来在班级里都是二十几名，不高也不低。放心吧，我们班是全校最好的班级，我能在我们班排名二十几名，将来肯定能考上不错的大学。"妈妈则气急败坏地说："小轩啊，你还在做春秋大梦呢？你看看，三十名前后的几个同学都已经变成十几名了，你的名次怎么可能没有变动呢。学习如逆水行舟，不进则退，你要是继续如同慢吞吞的蜗牛，很快就会垫底了。"不管妈妈多么着急，小轩都四平八稳。无奈，妈妈只好作壁上观，等着看下一次考试的排名狠狠地打小轩的脸。

果不其然，在不久之后的月考中，小轩的排名退步到三十五名。看到自己连中等水平都不能保持，小轩不由得着急起来。妈妈趁热打铁，鼓励小轩一定要突破舒适区，全力以赴地追赶。也许是因为小轩内心意识到形势严峻，小轩一反常态，每天都早早起床读书，每天晚上学到深夜才肯睡觉。他不但高质量地完成学校里老师布置的作业，还给自己增加了很多课外作业。看到小轩拼命三郎的样子，妈妈这才燃起希望，相信小轩很快就能追赶上去。

在这个故事中，小轩属于典型的和平型人格。他小富即安，在班级里争取到中等排名之后，就满足于现状，不愿意继续努力了。殊不知，学习正如妈妈所说的，如同逆水行舟，不进则退。因此哪怕和平型人格的青少年始终保持稳定的学习水平，也无法保证自己的名次不退步，毕竟其他同学都在不遗余力地努力追赶。换言之，初高中阶段的孩子们要想保持稳定的学习排名，只安于现状远远不够，还要付出努力坚持进取，才能追赶上他人。

小贴士

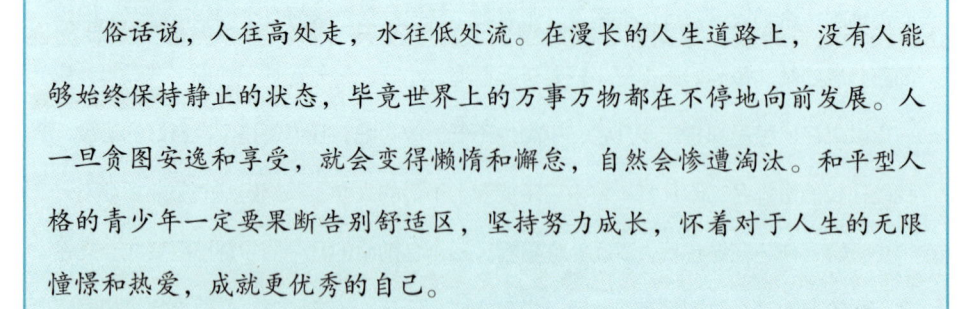

俗话说，人往高处走，水往低处流。在漫长的人生道路上，没有人能够始终保持静止的状态，毕竟世界上的万事万物都在不停地向前发展。人一旦贪图安逸和享受，就会变得懒惰和懈怠，自然会惨遭淘汰。和平型人格的青少年一定要果断告别舒适区，坚持努力成长，怀着对于人生的无限憧憬和热爱，成就更优秀的自己。

06

第六章

对青少年性格的
深入认知与理性分析

Personality Psychology

父母希望孩子听话的心理原因

当孩子进入青春期，很多父母都对孩子感到陌生，他们抱怨孩子不像小时候那样听话懂事了，常常违背父母的意愿，和父母针锋相对。其实，父母在指责和抱怨孩子之余，从未想过自己为何希望孩子听话。从心理学的角度进行分析，父母希望孩子听话是有心理原因的。接下来，就让我们先来了解父母苛求孩子听话的心理原因，继而才能帮助父母解开心结，真正做到尊重和平等对待孩子。

通常情况下，听话意味着孩子很好沟通，通情达理，所以他们心甘情愿地按照父母的安排做很多事情，也根据父母的指令避开人生的弯路。如此一来，父母养育孩子更加省心，要知道对父母而言这一点至关重要，在很大程度上决定了父母养育孩子要承担多大的工作量，又会取得怎样的成果，甚至还会影响父母的情绪和生活质量。为此，很多父母都热衷于以极其凝练的语言向孩子讲述各种各样的大道理，然后满怀期待地等着孩子听令行事。如果所有家庭里的养育都如此简单，那么天底下一定会有更多人愿意为人父母。

然而，现实总是骨感的。随着不断成长，孩子的自我意识逐渐觉醒，他们越来越不愿意对父母言听计从，还常常采取各种各样的措施故意与父母对着干，以证明自己的想法和决策才是正确的。正因如此，当孩子进入青春期，父母与孩子之间的关系才会越来越僵持，甚至会剑拔弩张。有些父母由此断定孩子不听话不懂事了，这其实是对孩子不负责任的评价，也是父母行使家长权威的结果。

父母唯有以了解孩子的性格为前提，才能选择合适的角度评判孩子的性格，也才能避免犯下妄自断言孩子是否听话的错误。通常情况下，父母作为成年人不会评判其他人诸如同事、配偶、朋友是否听话，甚至也不会评判其他人家的孩子。他们只会评判自己家的孩子是否听话，因为这直接关系到他们养育孩子需要付出多少时间和心力，也决定了他们需要处理孩子的多少麻烦。显而易见，作为孩子的监护人，也作为孩子的第一责任人，父母出于趋利避害的本能，当然希望孩子听话懂事，毕竟这样的孩子不会给他们惹麻烦，也让他们心情愉悦，身体轻松。简而言之，父母是孩子是否听话的直接受益人。正因如此，父母才会从孩子是否给自己添麻烦的角度，评价孩子是否听话，是否懂事，是否善解人意。

从本质来说，父母真正希望的不是孩子听话，而是孩子省心。在他们心目中，不听话的孩子等同于麻烦的孩子。面对那些给自己招惹麻烦和不痛快的孩子，父母总是不假思索地指责孩子，而忽略了自己作为父母是否担负起了引导和教育孩子的重要责任。面对青春期孩子，很多父母因为孩子不愿意采纳父母的建议而勃然大怒，因为孩子拒绝合作而对孩子横加指责。他们忙着生气，忙着否定和批评孩子，却忘记了自己需要反思如何才能当好父母。**毫无疑问，当好父母的首要条件是倾听孩子，这一点对于青春期孩子尤其重要。**有调查机构经过研究发现，大多数青春期孩子都特别害怕父母唠叨，也经常不被父母尊重和理解。作为父母，如果能够与时俱进跟紧孩子成长的脚步，意识到青春期孩子不再像小时候一样需要依赖父母的照顾才能满足生理需求，而是关注到孩子的心理需求和情感需求，在精神上与孩子产生共鸣，给予孩子大力支持和帮助。如此孩子才愿意与父母沟通，考虑并接受父母的意见。

其实，不仅孩子需要成长，作为父母更需要成长。有些父母始终停留在孩子小时候，只顾着无微不至地照顾孩子，而没有关注到孩子的其他需求。正是孩子的不满和抗拒，迫使父母不断地更新教育的观点和对孩子的认知。从这个意义上来说，父母非但不要害怕孩子会给自己惹麻烦，还要看到孩子正是以这样的方式改变了与父母交流的方式，也改变了家庭教育的模式。**任何交流都是双向的，而非单向的灌输。当父母终于可以平等对待孩子，耐心倾听孩子，那么必然能够促进亲子关系的良性发展。**

父母要深刻认识到，不听话不完全是孩子的错，而是因为父母的认知有限，限制了孩子的成长。对于父母而言，挑战自己的认知是比指责孩子不听话更痛苦也更难以做到的事情，真正做到这一点的父母都成功实现了自我突破和超越。

小贴士

此外，父母还要意识到孩子不听话也是有好处的，既能够帮助我们深入了解孩子的真实想法和感受，也能够迫使我们更新教育的观念和方式。总之，成功的家庭教育绝非单方面的努力，而是亲子双方共同努力和坚持磨合的结果。

听话的孩子的性格特质

好孩子最大的共同点，就是听话。但是，他们之间听话的原因各不相同，我们可以据此对听话的孩子进行分类。有些孩子之所以听话，是因为他们想符合他人的期望，例如，让父母满意，让老师感到欣慰；有些孩子之所以听话，是因为他们缺乏主见，习惯了人云亦云，服从命令。有些孩子听话的原因则不那么单纯，是各种因素综合作用的结果。例如，因为缺乏主见而听话的孩子中，有些孩子的理解能力很强，有些孩子则缺乏理解能力，常常机械式地遵从他人的命令。对于这些既缺乏主见，又缺乏理解能力的孩子，我们在与他们进行交流时，往往会发现他们不能积极地做出回应，也不能及时地给予反馈。比起他们，有些孩子虽然也缺乏主见，但是他们却能在一定程度上思考和理解别人的话。这使那些因为缺乏主见而听话的孩子，也表现出很大不同。

那么，为何缺乏主见的孩子更愿意听话呢？我们可以通过分析性格的四个重要特征，对此做出合理的解答。

第一个性格特征，态度特征。所谓态度，必然是指向某个对象的。缺乏主见的孩子，并没有表达态度的对象，所以也就没有态度，为此他们常常随遇而安。

第二个性格特征，意志特征。因为没有表达态度的具体对象，所以孩子的意志就派不上用场，因为他们同样没有动机为态度对象坚持和使用意志。

第三个性格特征，情绪特征。在缺乏态度对象，也无须凭着意志坚持或反对的前提下，孩子们很难产生情绪上的对立和冲突，这意味着他们不会因为接受建议而产生对抗情绪。

第四个性格特征，理智特征。当孩子既没有主见，又没有辨识能力时，他们当然无法质疑或补充他人的意见，为此，他们会无条件地接受他人的意见。

对于父母而言，这种缺乏主见的孩子很少抗拒或者反对他们，也就不会对他们造成威胁和挑战。具体来说，他们不会以意志坚持，就不能迫使父母反思自己的教育观念和方式，与此同时，他们自身也不会产生情绪冲动，就无法迫使父母正视他们的情绪和感受。他们没有主见，所以无法慷慨陈词地表明自己的想法和观点，更无法以滔滔不绝的方式迫使父母突破自身的局限，与时俱进地更新教育的理念。**总之，虽然缺乏主见的孩子更容易与父母友好相处，但是他们却不能使父母提高亲子相处的质量，或者重新构建更高质量的亲子关系。对于父母而言，想要说服这样的孩子很容易，但却会让孩子失去反省自身教育观念和方式的机会。**

和他们比起来，那些面对挑战性亲子关系的父母，则需要建立威信，得到孩子的认可，改变家长自身的态度，才能得到孩子的接纳和认可。为了与孩子在感情上更加亲近，他们要放下高高在上的姿态，学习平视孩子的眼睛，平等对待孩子，对孩子形成亲和力。正是因为做出了这些好的改变，父母才能提出更好的建议供给孩子参考，也才能与孩子建立更好的亲子关系，增强与孩子的沟通和互动，真正起到为孩子保驾护航、引领人生道路的作用。

如果孩子出于符合社会期待的目的才表现得听话，那么他们就会表现得听话自觉，而且主动寻求正确的方式以解决问题。不管面对什么事情，他们都缺乏自己的观点和态度，盲目地根据他人的要求或者外界的准则为人处世，这使他们如同被河水冲刷了很长时间的特别圆润光滑的鹅卵石。和那些因为缺乏主见而听话的孩子截然不同的是，他们拥有强烈的听话动机，即符合社会期待，例如让父母感到满意，得到老师的认可和表扬等。为此，他们宁愿牺牲自己的个性，委屈自己不能满足真正的需求，也要符合外在的标准和条件。对于他们而言，改变想法是很容易的事情，唯一需要坚持的就是符合社会期待，这也是他们的终极目标。出于这样的心理，他们很愿意接受别人讲述的道理，甚至心甘情愿地做出改变。这是因为他们符合社会期待的第一步就是得到父母的认同，也按照父母的要求把自己打造成成功的社会人。如此一来，他需要得到父母的教育和引导。他也主动配合父母做很多事情，只要这样能让父母感到满意。

对于那些既有主见又有理解能力的孩子而言，他们虽然有主见，却不固执，他们能够细致入微地观察周围的人和事，也能够感性地理解他人，理性地权衡利弊，最终做出选择。 他们具有显而易见的社会知觉能力，从而把自己与外部世界的事物联系起来。当很多孩子都抗拒父母安排的额外的学习任务时，他们却会欣然接受，全力配合，哪怕这要求他们牺牲玩耍的时间，他们也能理性地接受，这是因为他们完全理解父母的初心是好的。具有这种人格特点的孩子过于关注他人的情绪和感受，而忽略了自己独立存在的社会地位，他们还会顾及他人的利益，也希望大家都能得到想要的结果。从某种意义上来说，他们常常委屈和压抑自己，这是需要父母关注并且积极处理的。

小贴士

孩子过于听话有时可能并非全然益事。每个孩子都有其独特的性格特征和成长节奏，父母应尊重并理解这些差异，避免一味追求顺从。通过积极的沟通与合理的引导，帮助孩子建立自信，学会在遵守规则的同时勇于表达自我，这样方能促进孩子全面发展，健康成长。教育的真谛，在于培养既有规矩又具创造力的独立个体。

不听话的孩子的性格特质

通常情况下，我们把那些不听话的孩子归为一类，但是，不同的孩子不听话的表现迥异，这是因为他们有着各不相同的个性。例如，有些孩子性格急躁，不愿意倾听父母的意见，在他们的性格中，冲动总是占据上风，压倒了理性。有些孩子叛逆心理很强，哪怕明知道父母提出的建议是正确的，他们也为了抗拒父母而表示反对，仿佛他们的目的不在于其他，只是为了与父母对抗。有些孩子在成长的过程中渐渐形成了以自我为中心的错误想法，他们不管是说话还是做事只考虑自己，总是忽略他人，也充耳不闻他人的主张和建议。有些孩子个性鲜明，他们迫不及待地想要证明自己已经长大了，可以独立做很多事情，为此想方设法地挣脱束缚和各种规则，也试图以独特的方式亮明自己的观点。

接下来，我们具体阐述孩子不听话的原因，也通过分析找到解决的办法。

面对冲动的孩子，我们切勿横加指责，这是因为不同的人拥有不同的冲动水平。对于有些孩子而言，和适应环境、做出良好的表现相比，听话是更加容易的。但是，对于冲动的孩子而言，他们即使很努力地让自己表现得更好，也顶多只能减少遭到批评的次数，无法得到他人的认可和赞赏。例如，有些孩子善于自我管理，哪怕心里很想丢下作业出去玩，也能老老实实地坐在书桌前保质保量地完成作业。然而，冲动的孩子一心只想着玩，他们对于玩的冲动特别强烈，这使得他们无法控制自己，更不可能专心致志地写作业。最终，他们选择彻底丢下作业玩个痛快，而不在乎很快就会因此被批评和指责。对他们而言，玩耍是当务之急，是不可延误的。在父母眼中，孩子的这种行为表现可以归结为不听话。大多数父母只看到孩子不听话的表现，却没有深刻剖析出孩子不听话的心理原因和性格原因。**这些孩子表现出明显的冲动，隐藏在冲动背后的深层次原因，则是需求的强度和情绪的强度，这两个因素直接决定了他们的心理构成是不同的。**所以，父母不要盲目地断言冲动的孩子自制力差，热爱学习的孩子更有毅力。得出这种错误结论，必须以玩耍对所有孩子都具有相同的诱惑力为前提。事实证明，玩耍对不同的孩子所具有的诱惑力是不同的。换言之，如果坚持学习的孩子很热爱美食，尤其喜欢吃冰淇淋，那么他们也许能抗拒玩耍的诱惑坚持写作业，却很难抗拒冰淇淋的诱惑。而那些冲动玩耍的孩子并不那么喜欢吃冰淇淋，所以在面对冰淇淋的诱惑时，冲动玩耍的孩子反而能专注地写作业，而原本笃定写作业的孩子却迫不及待想要吃到冰淇淋。

由此可见，当孩子的冲动水平比较高时，那么某种强烈的需求或者是强烈的情绪，就有可能超越他的自我控制能力，使他们被支配，做出相应的行为举动。由此可见，他们之所以冲动，不听话，是因为身不由己，无法自控，并非故意为之。当父母理解了冲动的真相，也就不会盲目地指责孩子不听话了。

除了冲动之外，遭受挫折、逆反心理强和受到攻击等，都会导致孩子变得不听话。心理学领域的超限效应告诉我们，当父母的唠叨和管教超过合理的限度时，就会激起孩子强烈的逆反心理，使孩子故意做出相反的行为以表示抗拒。事实证明，很多不听话的青少年都有强烈的逆反心理，他们故意不学习，故意与父母对着干，故意指东向西。哪怕明知道他人所说的是正确的，他们也会故意背道而驰。叛逆往往带有明显的情绪意味，也带有一定的攻击性。孩子的叛逆行为与不听话的行为有一个明显的区别，即前者不是针对具体的事情，而是为了对抗该件事情的主导者，而不听话则是为了维护自己的观点和意见。面对这种情况，父母要调整教育的心态，切勿对孩子居高临下、颐指气使，也要改变与孩子沟通的态度与方式，让孩子感受到父母的尊重。

还有些孩子习惯了以自我为中心，总是放大自己的需求，在社会知觉上变得越来越迟钝。 如此一来，他们在面对各种问题的时候，无法理性地综合考量，而局限于自己的意愿。有些孩子之所以表现得任性自私，正是出于以自我为中心的思想。例如，他们无视父母的辛苦劳动和无私付出，总是对父母提出不合理的要求，一旦父母不能满足他们的要求，他们就会撒泼打滚、任性妄为。在与人交谈时，他们总是以自我为中心只顾谈自己的看法，而忽略了别人的意见，就使得交流总是停在原地，无法继续推进。他们只关注自己的想法，对于他人的想法充耳不闻；他们只要求外界适应他们，而拒绝接受外界的各种信息。这使得他们表现得很不听话，而且蛮横自私，任性霸道。这样的孩子常常四处碰壁，毕竟世界上除了父母之外，很少有人会无条件地顺从和满足他们。也许只有在经历现实的打击之后，他们才能吃一堑长一智，渐渐地意识到自身的问题。

除了上述几种类型的不听话孩子之外，还有一种不听话的孩子特别有个性。他们不愿意接受父母的安排走既定的人生之路，偏偏要创造独属于自己的人生奇迹。

归根结底，对于青春期孩子而言，他们的不听话可能是成长的表现，源于父母为他们规划好的一切并不匹配他们与时俱进的成长需求。

第六章 对青少年性格的深入认知与理性分析

> **小贴士**
>
> 很多人都有过养花的经历，那么一定知道随着花的植株不断长大，我们要把已经显小的花盆换成更大的花盆，这样才能给植株更大的成长空间，也让花朵更加硕大娇艳。养孩子恰如养花，父母要及时给孩子换花盆，才能更有利于孩子成长。

心理因素对是否听话的影响

孩子表现得是否听话，并不单纯是行为选择的问题，而是关系到心理因素的深层次问题。仅从表面看来，不管是听话还是不听话，貌似都是简单的行为，其实听话或者不听话并不简单，而是关系到孩子的态度、信念、人格因素和心理倾向的。

一般情况下，听话的孩子都有如下的心理因素。

有些孩子具有亲和动机，就如前文所说的追求符合社会期待，具体表现为想要得到父母的认可，想要得到老师的表扬，也想要得到同龄人的接纳。这使得他们具有强烈的亲和需求与亲和动机，亲和动机将会促使他们与他人之间建立良好的关系，以使某些社会性需求得到满足。马斯洛把人的需求分为五个层次，其中，爱的需要、尊重和交往的需要，都是具有亲和动机的孩子的需求。

具体来说，孩子之所以想要符合社会期待，继而表现得听话，正是因为他们唯有符合社会期待，才能赢得他人的尊重、认可与爱。和其他孩子相比，他们更迫切地需要得到尊重、认可与爱，因为对于发展人际关系而言，被接受是亲和剂，能够起到强大的作用，也能够帮助自己与外在紧密融合起来。

有些孩子具有从众心理，因此总是表现得很听话。他其实未必没有主见，他只是因为紧张、害怕和恐惧、担忧等，而不愿意发挥自己的聪明才智，提出自己独立的想法和见解。也可以说，他主动选择接受和采纳他人的建议，听从他人的安排和命令。从更深层次的心理需求来看，他们是想要为自己的行为找到参照，这样才能消除偏离的恐惧，才能融入群体之中，获得与其他成员凝聚的力量。他们常常主动接纳他人的建议，也心甘情愿接受他人的命令，因为他们所追求的事与别人无异。从某种意义上来说，这种从众心理驱使下的听话行为接近于符合社会期待的亲和动机，它们的区别在于拥有不同的抱负水平。为了符合社会期待的亲和动机具有更高的抱负水平，目的在于获得更高的需求回报和更大的发挥空间，而在从众心理驱使下做出的听话行为，目的则很简单，即追求与他人一致。

有些听话的孩子善解人意，往往能够理解和体谅他人。这使他们的知觉意识和知觉能力都非常敏锐，他们总是认真地倾听他人，也密切地关注他人的想法、情绪和感受。他们对自己的定位不仅是学习者、模仿者和从众者，而是要求自己有意识地认可他人的观点、主张和需要，并且竭尽所能地理解和配合他人。例如，他们往往会为了满足父母的愿望和要求而委屈自己，他们明明有自己的主见，却把自己的主见放在父母的需求和愿望之后。他们以对他人的知觉为出发点表现得听话懂事。他们具有很强的情感能力，能够与他人共情，由此加深了自身的认知能力，能够在聆听他人意见的同时，以广阔的胸怀和平和的心态，接纳一切意见。

听话的孩子除了具有上述心理因素之外，还有很多其他的心理因素，这里不再一一赘述。接下来，让我们看看不听话的孩子具有哪些心理因素。

有些不听话的孩子只是因为听不懂他人的话，或者听不到他人的话，才表现得不听话。尤其是在亲子沟通中，常常因为沟通不到位而产生误解，父母便会责怪孩子不听话，这对于孩子而言是很不公平的。当看到孩子无动于衷、充耳不闻时，我们就要考虑孩子有听不见话或者听不懂话的可能。反之，如果孩子对我们的话产生了强烈的反应，或者以各种极端的方式进行对抗，那么则意味着我们的话对孩子产生了严重的不良影响，孩子才会以抗拒的方式实施内心防御。

为了避免这种情况发生，父母要避免唠叨，这样才能避免孩子产生心理超限反应；父母要认识并且保护孩子的自我价值。 具体来说，不要强迫害羞的孩子变得落落大方，不要强迫粗心的孩子马上变得心细如发，这些转变都需要漫长的过程循序渐进地实现，绝非一日之功。

当父母对孩子提出超出孩子能力范围的要求时，孩子会产生不同程度的畏难情绪，因而故意逃避。 很多父母都以错误的前提要求孩子听话，误以为只要告知孩子他们所有的缺点和不足，孩子就能积极地改正，变得更让人满意。其实，这只是父母一厢情愿的想法。父母越是这样主观强求孩子，孩子越是会感到害怕。那么，他们只能以不听话的方式抗拒父母。**作为父母，要理解孩子的畏难情绪，才能有的放矢地解决问题。**

父母所期望的是孩子点头表示听懂了父母的话，然后解决父母所担忧的问题，其实孩子的能力有限，很难达到父母的满意。打个比方来说，孩子很怕水，父母却一直鼓励孩子勇敢地下水，孩子当然会拒绝父母的要求。

无论是因为有主见而不听话的孩子，还是因为任性而不听话的孩子，都会表现出想要挣脱束缚的愿望。前者是为了突破成长的限制，而后者则是为了更加肆无忌惮地任性。对于前者而言，当成长的意志战胜了外界的影响，那么他们就会被冠以"不听话"的名头，从本质上来说，他们的不听话是成长的表现。对于后者来说，当冲动的意志战胜了外界的影响，那么他们就会更加放纵自己的行为，表现得无所顾忌。

> **小贴士**
>
> 总之,同样作为不听话的孩子,可能表现得千差万别。父母面对不听话的孩子,唯有深入分析孩子不听话的原因,才能对症下药。对于青春期孩子而言,在阅读了这篇文章之后,也可以选择更好的方式与父母沟通,而不再以不听话的方式消极抵抗了。

听话与不听话的矛盾

进入青春期,孩子的身体快速发育,在很短的时间内,身形就接近于成年人,为此他们迫不及待地想要挣脱父母的束缚,证明自己已经长大了。和身体的快速发育相比,孩子们心智的发育速度则相对缓慢,这使得他们在精神和情感上依然需要依赖父母,无法做到完全独立。正因如此,**孩子进入了矛盾的状态,一边渴望独立,一边继续依赖,而他们对待父母也介于听话与不听话之间,不停地转换,迟疑地摇摆。**

孩子是很聪明的,很会察言观色,采取权宜之计。有些孩子死鸭子嘴硬,对于自己认准的事情,不管父母怎么责罚都坚决不承认错误。孩子这样的做法往往气得父母怒气冲天,歇斯底里。有些孩子则古灵精怪,他们在接连几次吃了嘴硬的亏之后,改变了对待父母的策略,从拒绝认错转变为口头上先对父母承认错误,让父母帮助自己度过危机,私底下则一如既往该做什么就做什么,毫无悔改之意。父母在看到他们满脸真诚甚至声泪俱下地承认错误时,马上心头一软,不忍心继续严厉地训斥和责罚他们。由此,他们顺利度过了眼前的危机。简而言之,这些孩子坚持的原则就是好汉不吃眼前亏。

第六章 对青少年性格的深入认知与理性分析

大双和小双虽然是双胞胎,但是性格完全不同。大双性格刚烈,对于自己认准的事情九头牛都拉不回来,每次被父母责怪或者批评,他只认自己的道理,从来不愿意承认错误。正因如此,父母总是批评和训斥大双,有的时候还会打大双。

小双呢,虽然比大双晚几分钟降临人世,他的心眼可一点儿都不比大双少。每次犯错误,或者看到苗头不好,他不等父母怒气冲天地爆发,就会主动向父母承认错误。不仅如此,他还做出一副虚心检讨的模样,保证以后不再犯同样的错误。众所周知,父母之所以管教孩子,并非为了对孩子发泄怒气,而只是希望孩子能够改正错误。所以当小双虚心检讨错误,并且保证不再犯错时,父母就把狂风骤雨变成了春风细雨,先是认可小双在其他方面的表现很好,继而批评小双在某个方面的表现欠佳,最后满怀期望地对小双提出要求,希望小双未来能够让他们满意。在此过程中,小双始终瞪着滴溜溜的眼睛看着父母,时而点头,时而做出懊悔的表情。父母认为,小双比大双听话多了。他们哪里知道小双只想敷衍了事,然后自行其是呢。

作为双胞胎,大双和小双都不听话,但是他们不听话的表现形式是不同的,这直接导致他们受到了父母截然不同的对待。大双总是固执己见,拒绝向父母承认错误;小双总是主动认错,只为了能尽快度过危机,然后继续犯错。显然,父母更希望看到孩子点头认错,而不愿意被孩子公然挑战权威,导致颜面尽失。

个体作为社会的一员,必须以他人的意志、社会期待和社会规范为标准,让自己的行为表现与他人的行为表现保持一致,这样就能如愿以偿地获得奖励,或者是顺心如意地避免惩罚。在这种情况下,外部因素在很大程度上决定了个体的行为。个体会采取印象管理的策略,仅在短时间内从表面上做出依从行为。显而易见,小双深谙其道。正因如此,他不但逃避了惩罚,而且获得了父母的赞赏。

父母为了避免被孩子的权宜之计蒙蔽，要透过孩子的行为表象，看到孩子的真实想法和心意。 与直接表现出不听话的孩子坚持自己的主张不同的是，那些表面听话心里不听话的孩子则采取了迂回的方式，以表面的妥协麻痹对方，实际上依然坚持己见，拒绝改变，并且以麻痹父母、让父母松懈大意的方式，为自己赢得依然故我的空间。如果说前者的态度是坚持自我，那么后者的态度则是假装顺从。显而易见，后者是更难说服的，对于那些阳奉阴违的孩子，父母一定要有足够的重视。

父母唯有真正走入孩子的内心，了解孩子的想法，实现高质量的沟通，才能让孩子动摇，有被说服的可能。 还有些孩子与阳奉阴违的孩子截然相反，他们只是嘴上不听话，其实心里还是听话的，具体表现为爱唱反调，故意说一些反对父母的话。这样的孩子往往很爱面子，不愿意表现出顺从的一面，也受到逆反心理的影响，要维护自己所谓的尊严。面对这种类型的孩子，父母要给予孩子自主选择的机会，从而让孩子主动提出父母的希望，消除被支配的感觉。

小贴士

总之，父母要给孩子更多的时间完成心理过渡，这样孩子才能做好充分的准备，做出明智的选择和决策。

青少年的性格假面具

为了维护自己的尊严和面子，很多青少年都会戴上性格的假面具。作为父母，既要付出时间和精力，引导孩子养成好性格，也要留意孩子是否戴上了假面具，以逃避我们的过度关注和评判。对于青春期孩子而言，他们已经有了自我意识，也具备一定的能力评判自己的性格，他们甚至能够准确地判断什么样的性格是所谓好的、更受欢迎的，什么样的性格是不好的、不受欢迎的。对于他们而言，唯一的捷径就是改掉不好的性格，表现出好的性格，甚至假装出自己原本没有的性格，而把自己真正的性格隐藏起来。**青少年这么做，虽然能够帮助自己赢得好的评价，但是很容易在长期伪装的过程中迷失自己。**

印象管理，指的是生命个体采取某种方式，影响他人对自己形成的印象，换言之，也就是个体通过控制自我形象，也借助于某种方法影响他人对自己形成印象的过程，使他人对自己产生的印象，符合他们对自己的期待。简言之，就是让他人对自己的印象完全符合自己的自我期待。

根据上述定义，我们不难得出如下结论：**首先，通过评判自己的性格，孩子知道性格标准、性格要求和性格期待都是性格评判的重要因素；其次，通过印象管理，孩子试图迎合性格期待，目的在于让他们对待自己的方式符合自己的预期。**

大多数情况下，我们把奖励和惩罚都定义得非常狭隘。对于孩子而言，奖励往往等同于表扬，而惩罚则等同于批评。其实不然。比起表扬与批评，奖励和惩罚的意义更加宽泛。奖励，指的是自己或他人以某种方式让自己感到满足和愉悦；惩罚，指的是自己或他人以某种方式让自己感到不快和无法应对。这表明奖励和惩罚是常态化的，也是连续性的，而非针对某件事情进行的单独某次的表扬或者批评。很多人都会以刻板的方式对待不同的性格类型，形成刻板印象。虽然刻板印象能够简化人的社会知觉过程，提升人的社会适应性，但是刻板印象也有很多不可避免的弊端和缺点。

通常，我们更喜欢性格外向开朗的孩子，甚至先入为主地认为外向开朗的孩子在各个方面的表现都会更好，我们也因此对他们满怀期待。对于性格内向的孩子，我们则在对方还没有说出一句完整的话之前，就迫不及待地打断对方，给予对方善意的提醒，让对方不要害羞。这种先入为主的观点，使我们刻板地认为内向的孩子必然是沉默寡言的、害羞的、不擅长表达的。由此一来，外向开朗的孩子受到的阻力更小，而内向沉默的孩子受到的阻力更大。内向沉默的孩子也许原本并没有害羞，他只是需要更多的时间从容地表达，而在被我们好心地打断之后，他们必须鼓起更大的勇气才能继续发言。正是因为现实生活中频繁地发生类似的情况，所以有些孩子选择戴上性格假面具，为自己争取更多便利。

通常，他们并不是为了取悦成年人才迎合性格期待，而是因为他们自身想被以自己喜欢的方式对待。这么做能帮助他们面对各种质疑和挑战，也帮助他们被环境接纳，而免遭被改造的厄运。 例如，有些孩子性格内向，他们如同含羞草一样害羞，也如同含羞草一样事与愿违地受到更多关注。实际上，他们更需要的是不被关注，唯有如此，他们才能以自由自在的方式从容地做好自己。为此，他们只能隐藏自己内向害羞的真实性格，目的在于避免被他人过度关注。

没有人愿意在生活中总是被矫正。他们无法对不被接受这件事情置之不理，因为不被接受意味着很多人都能肆无忌惮地评判甚至是干预他们，还有可能攻击他们。既然无法在短时间内改变性格，那么孩子只剩下一个选择，即为了避免麻烦、获得安全感，戴上被接受的性格假面具。

对于青春期孩子而言，他们还有强烈的合群需要。他们既需要在群体中寻找行为的参照，也要消除因为偏离群体产生的恐惧，还要通过融入群体的方式获得群体凝聚力，以发展壮大自己的力量。总之，他们需要在群体中获得安全感，这是比独立和自我实现更迫切的心理需求与情感需求。

当孩子以能被接受的性格假面具融入群体，他们就会显得合群，因而消除了人际相处的阻碍和压力。在群体中，他和其他成员一样能自由地表达，得到需要的友情、尊重和爱，还能随时随地以自己喜欢的方式与他人进行沟通，既互相交换信息，也分享快乐，分担忧愁。这正是很多孩子在某些情况下选择戴上性格假面具的根本原因。

小贴士

孩子在成长过程中，被迫戴上性格假面具，隐藏真实自我，长此以往，可能难以建立健康的人际关系，缺乏自信与幸福感。家长应成为孩子最坚实的后盾，鼓励其表达真实情感与想法，营造无惧犯错、勇于探索的成长环境。唯有如此，孩子才能在真实中找寻自我，健康成长，享受童年的纯真与快乐，为未来的人生奠定坚实的基础。

外向的孤独者

在大多数父母心目中，让孩子笑一笑，变得不卑不亢、落落大方，让低落的情绪亢奋起来，仿佛是一件很容易的事情。为此，他们总是不理解孩子为何不能表现得外向，而偏偏要内向压抑。父母认为内向或者外向是由孩子主观决定的，所以孩子可以凭着主观意志改变自己的性格。拥有这种想法的父母显然对性格缺乏了解，也对孩子缺乏尊重。

在心理学领域，气质有五种特性：第一，感受性和耐受性；第二，反应的敏捷性；第三，可塑性；第四，情绪的兴奋性；第五，指向性。指向性代表着人的思维、语言和情感一般情况下指向于内还是外。一般情况下指向于内者为内向，一般情况下指向于外者为外向。指向性与情绪的兴奋性密切相关，外向者的情绪兴奋性高，内向者的情绪兴奋性低。如果把人的情绪和气质看作是制造精密的机器，那么我们就会发现操作性格是很简单的一件事情。只要把与内向或者外向相关的各种因素调整到相关的水平，人的性格就会表现出内向或者外向。遗憾的是，人不是机器，**人的情绪和气质无法凭着主观意志进行操纵。**

前文说有些孩子为了避免不被接受，而戴上性格的假面具。**实际上，对于任何人而言，模仿自己不具备的性格都是一件耗费大量心力的事情，常常使人感到身心疲惫，精神紧张，也让人陷入痛苦之中。**的确，我们很容易就能模仿某种性格的外在表现形式，例如强行外向，只需要在短时间内表现出高度兴奋性即可。然而，如果我们需要长久地模仿某种性格，那么外在的行为就会影响我们的内心，导致我们的性格形式与内心发生分裂。打个比方来说，长期模仿某种性格的人，相当于把真实的自己囚禁在与世隔绝的孤岛上，而把自己的躯体和生活让给一个冒名顶替者。很多青少年或者被父母强迫，或者主动模仿，而表现出强行外向，他们不得不隐藏自己的某些真实行为和一部分真实性格，与此同时，他们还要压抑自己的真实感受和真实需求，甚至不能发泄自己的真实情绪。对于每个人而言，最大的成功就是活出自己真实的模样，而对于强行外向的孩子而言，他们显然已经迷失了真实的自己，而把自己活成了他人的模样。

正是因为强行外向，很多孩子表现出外向的孤独。 他们的思维、语言和情感都指向外部，这使得他们从理论角度来说应该结交更多的朋友，获得更多的情感支持，但是实际上恰恰相反——他们备感孤独。

对于孤独，有心理学家认为，孤独关系到生命个体对于社会交往的质量和社会交流的多少的知觉。只有明确孤独的定义，我们才能知道为何自己明明置身于喧嚣的人群之中，却依然感受到更深刻的孤独。这是因为即使置身于相同的人群之中，即使获得了相同数量的交流，我们也因为自己的性格需求与感受的不同，而收获了不同的交往质量。虽然仅从表面看来，真正外向的孩子和强行外向的孩子所表现出来的行为是相似的，但是他们为此付出的精力却是不同的，他们从看似相差无几的行为中收获的感受也是截然不同的。前者从外向的行为表现中获得满足和快乐，而后者只会因为外向的行为表现备受煎熬和折磨，甚至开始怀疑自己这么做的目的是什么。

具体来说，真正外向的孩子展现出自己的真实性格，所以无须像强行外向的孩子那样付出更大的努力学习外向的性格表现，因而前者心态轻松，后者心态紧绷。**强行外向的孩子承受着巨大的心理压力，无人能够分担，这使得他们感受到更深刻的孤独**。此外，真正外向的孩子并不需要刻意发展社交，而强行外向的孩子带有明显的目的性，这直接决定了他们对交往质量的真实感受，即他们的真实感受并不像他们假装出来的那样满足和愉悦。当煞费苦心、殚精竭虑却不能从外部世界获得感情的补偿和安慰时，他们也会备感孤独。

> **小贴士**
>
> 　　强行外向的孩子认为只有深度交流才是真正的交流，只有深入的情感联系才能满足真正的社交满足和情感支持，但是他们又不得不与他人维持表面上的和谐融洽，这使他们身心俱疲，也加剧了他们的孤独感。因此，强行外向的孩子一边感受着热闹喧嚣的人群，一边感受着内心深处真正的孤独，根本无法获得心灵的满足。

内向的积极者

对于正值初高中关键学习期的孩子，很多父母都怨声连连，极其不满。有些孩子无法承受巨大的学习压力，索性彻底放飞自我；有些孩子看似每天伏案疾书，勤奋刻苦，但是效率低下。父母真正羡慕的是那些轻轻松松就能稳坐学霸宝座的孩子，他们对待学习有自己的想法和主见，也有自己的方式和方法，既能保证学习上出类拔萃，也有一定的时间休息和娱乐，可谓学习和玩耍两不误，身体和心理两健康。遗憾的是，这些都是"别人家的孩子"，父母终究要面对的是自己家扶不上墙的泥娃娃。

对于内向的积极者而言，他们之所以在行为上表现得很积极，恰恰是因为他们的内心很消极。 换言之，他们试图以积极的行为掩饰消极的内心。正是因为如此，他们哪怕每时每刻都在刻苦学习，也无法有效地提升学习成绩，更不能在学习的道路上一帆风顺。

那么，积极的行为与消极的内心存在怎样的关系呢？要想解答这个问题，我们首先要分析孩子积极的行为指向什么。仅从表面看来，孩子积极的行为最终指向自己，他们试图通过努力学习拥有好的生活。但是，如果他们不具备内部驱动力，只是因为父母怀有殷切的期望、老师提出很高的要求、被内卷的同学促使而不得不努力，那么他们积极的行为就只能被动地服务他人，无法真正地服务自我。在认清楚这个真相之后，我们一眼就能识别出孩子积极的行为与消极的内心的关系。

如果说孩子拥有符合社会期望的强烈动机，目的在于满足自己的需求，那么孩子受到外部的驱动最终服务于他人，只能凭着被期望的"积极性格"让他人满意。这意味着他们并没有真正的内部驱动力，所以他们的真实性格、真实需求处于脱节状态，直接导致他们看似积极的行为效率低下。**此外，因为积极的行为无法兼顾他们内心急需处理的消极感受，所以他们常常陷入焦虑之中，哪怕是积极性也带着消极和焦虑的意味。**

为了保持内心的平稳状态，孩子只能通过采取积极的行为来逃避外界的责怪、批评、唠叨和说教。他们这种积极的行为是低效率的积极，实际上他们在内心世界实现了心灵的自由。由此可见，孩子行为的积极带有很强的迷惑性，常常让父母因为亲眼见证了孩子的勤奋努力，而不好意思再督促、激励和鞭策孩子，孩子也就实现了获得心灵安宁的目的。**从本质上来说，这种低效积极成为了孩子刻意与外界保持距离的有效方法。以低效积极为掩护，孩子的行为哪怕很积极，也不能产生预期的效果。**这是因为他们尽管肢体上表现得积极，他们的头脑和心灵却很消极，也处于懵懂状态。他们并非伏案疾书，让大脑保持高速运转进行学习，而只是伏案消磨时间，他们的大脑转速很慢。哪怕他们做了一定数量的作业，但是因为没有投入足够的注意，也没有调动超强的理解力和记忆力，所以他们丝毫没有用心，因而效果堪忧。低效积极，使孩子无法挖掘自身的潜力，更不可能突破和超越自己现有的水平。

在家庭教育中，很多父母都被孩子低效积极的假象迷惑和蒙蔽了。他们过度关注孩子行为是否积极，而忽略了孩子的内心是否专注且投入。此外，还有些父母采取高压政策强行命令孩子在行为上表现顺从，这种不合时宜的做法很有可能迫使孩子以低效积极敷衍了事。当看到孩子勤奋刻苦，但是学习成绩却始终不尽如人意时，父母往往误以为孩子学习不得法，却没想到孩子只是假装在努力。

真正积极向上的孩子和内心焦虑不安的孩子，都有可能把生活安排得紧锣密鼓，条理清晰。前者充满自信，后者则极度不自信。最糟糕的是，当内心焦虑的孩子以积极的行为掩饰自己，他往往会忽视自己真实的性格和真实的需求，为了迎合他人，得到他人的接纳和认可，符合社会的期待而无原则地改变自己。这种行为带有强迫性质，是缺乏安全感的典型表现。正是因为这种低效的积极行为压抑了孩子的真实状态，所以孩子才会与自己的内心脱节。

小贴士

当意识到自己处于假装努力的状态中时，青少年要有意识地激发自己的内部驱动力，让自己真正投入拼搏与奋斗中去。

被压抑的抑郁情绪

很多人形容孩子性格阳光，指的是孩子很少情绪低落，心情抑郁，也很少沮丧失落，动辄哭泣。毫无疑问，在生存压力越来越大的现代社会，每个父母都希望孩子性格阳光，拥有强大的内心以应对不断变化的外部环境，尤其是能够在遭遇困厄时全力以赴，努力崛起。看到这里，我们恍惚产生了错误的观念，认为自己描述的不是正在成长的孩子，而是无坚不摧、无所不能的钢铁侠。不得不说，对孩子提出这种期望的父母高估了孩子的心理能量，而没有意识到青春期孩子的脆弱和无助，更没有意识到青春期孩子很容易陷入自我否定、自我质疑的状态中。

性格阳光，说起来只有简简单单四个字，真正要想做到这一点却极其困难。别说是情绪容易波动的青春期孩子，就算是有着丰富人生阅历和体验的成年人，都很难做到。那么，性格阳光究竟代表什么呢，孩子又要具备怎样的性格特质才能算是性格阳光呢？

简单来说，性格阳光的孩子很单纯，拥有积极向上的力量，充满着活力。 在这里，我们要特别强调单纯这个词语，单纯并非用来形容孩子，而是用来形容阳光的特质非常单纯，积极向上的力量特别单纯。这意味着孩子没有阴暗心理，也很少产生负面情绪，所以他整个人才能胸怀坦荡，天性率真，如同阳光般明亮璀璨。孔子云："君子坦荡荡，小人长戚戚。"从某种意义上来说，性格阳光的孩子正如同君子，内心简单纯粹。

如果从相反的角度来看这句话，我们就会发现让孩子不产生负面情绪是一件很难的事情，或者退一步而言，允许孩子产生负面情绪，却要求孩子能够自主地消除负面情绪，避免给身边的人带来负面感受，也是对孩子的苛求。人是情感动物，每个人每时每刻都在产生各种各样的情绪，青春期孩子受到激素的影响更是如此。他们所产生的情绪中，既有好情绪，也有坏情绪，而他们并不具备相应的能力处理所有的情绪。**从这个意义上来说，世界上并没有真正性格阳光的人，因为没有谁能够做到只产生好情绪，不产生坏情绪。**有些人之所以表现得情绪稳定愉悦，只是因为他们能够压抑不好的情绪，而表现出好情绪。例如，有些人控制情绪的能力特别强，当受到伤害或者委屈时，他们本应该勃然大怒，但是他们却反其道而行，忍不住微笑起来。这样的表现令人费解，固然表现得很有礼貌，却失去了真实性。

在孩子小时候，老师和父母就教会孩子礼貌。例如，当被要求做不喜欢做的事情时，孩子不能生气，而要表现得高兴；当收到讨厌的礼物时，一定要隐藏失望的情绪，而表达喜悦和感谢；在对某个人恨之入骨的时候，非但不能表现出强烈的怨恨，反而还要对对方和颜悦色，甚至违心地赞美对方。在某些情况下，这么做的确是有必要的，例如不管是否喜欢收到的礼物，我们都要感谢赠送礼物的人。但是，在其他一些情况下，替代情绪的行为则是不可取的。例如，怨恨一个人就要表达愤怒，被要求做不喜欢的事情就要表示拒绝，这样才能及时宣泄内心的负面情绪，让内心的不良情绪得到疏导和缓解。否则，当大量负面情绪长期压抑在心底深处，我们就会患上严重的心理疾病。渐渐地，我们反而难以表达真实的情绪。

何时以替代情绪实现社会化表达，何时遵从内心真实的感受，宣泄负面情绪，对于青少年而言是需要仔细斟酌和反复练习的。一则是因为青少年的行为要符合社会要求，二则是因为青少年的情绪表达要真实自然且直截了当。

随着不断成长，青少年显然不能再像婴幼儿时期那样想哭就哭，想笑就笑了。我们必须学会把握情绪表达的分寸，从而使情绪表达保持在合理的限度内。对于青少年而言，在收到不喜欢的礼物时依然喜悦地表达感谢并不很难，但是假装自己真正具备阳光性格，长期使用替代情绪以掩饰自己真实的情绪状态，却是不可能做到的。即使青少年勉为其难地做到了长期使用替代情绪，也必然导致严重的心理问题，甚至形成无法驱散的心理阴影。这使得孩子的内心被乌云遮蔽，变得不见天日。

小贴士

正如人们常说的，只有驱散乌云，才能迎来阳光。从这个意义上来说，青少年要想形成阳光性格，就要坚持表达真实的感受，这是迈向阳光性格的第一步。

青少年为何表现出浮夸的自信

进入青春期，很多青少年会表现出浮夸的自信。**从心理学角度进行分析，浮夸的自信产生于自卑与自负的矛盾心理。**众所周知自信是优秀的品质，也是人生的基石。为此，我们常常会夸赞某个人很自信，或者说某个人不自信，这其实是在肯定或者否定对方。那么，自信有哪些特征呢？

在知道自信是个褒义词之后，青春期孩子即使不自信，也会竭力表现得自信。这种自信来源于他们的理解和想象。有些人把自信与外向开朗画上等号，其实，**外向开朗只是行为上的特质，自信却是心理上的品质。**显而易见，前者更容易模仿，只要情绪饱满热烈，不表现出疲惫的状态即可。相比起前者，后者综合体现了心理素质和性格能力，完全不同于模仿、假装等行为上的刻意为之。即如果一个人脱离真实的自我，故意模仿他人的思维方式和行为方式，那么他非但不能表现出自信，反而会表现出不自信。**归根结底，只有对自我的认知和肯定才能孕育自信。**

青少年的自我意识开始觉醒，对于自我的认知还是有限的，也常常表现出"不识庐山真面目，只缘身在此山中"的苦恼和困惑。他们刚刚开始接触真实的自己，就感受到自己的弱小和不安，而迫不及待地抛开自我，不愿意肯定自我。他们选择了一条所谓的捷径，那就是从外表上模仿自信的气质，做出自信者特有的行为举止，还为发现了这个省时省力的方法而沾沾自喜。**殊不知，盲目的模仿很容易让青少年迷失自我，在成长的道路上走向错误的轨道。**

真自信从不刻意，因为没有鲜明的痕迹，也就缺乏模仿的依据，更不可能形成模仿的特定模式。比起模仿自信，模仿自负更加容易，很多人都缺乏准确区分自信与自负的能力。其实，自信与自负最明显的区别在于，前者以自我认知和肯定为发源地，后者却不合理地放大自我，对自我形成了不切实际的错误认知。因此，很多青少年不知不觉间开始模仿自负，表现得狂妄自大，目中无人，刚愎自用，也极具侵略性。对于他们而言，这比模仿内心的坚定信念和冷静的强大力量更加容易。

有人把自负理解为极度的自信，其实自负就是过度的自信，只能是过犹不及。这恰恰意味着我们并不知道什么才是不自信。大多数人认为一个人要么自信，要么自卑，继而出现害羞、退缩行为等。实际上，在自信和自卑之间，还有不自信。真正支撑起一个人的自信的，除了他所取得的成绩之外，还有他对自我的认知，对事物做出的认知和判断，以及对自我在社会生活中所处的位置的界定。正是因为他很清楚自己能做什么，能做到怎样的程度，所以他才会对自己形成基本的判断，也形成基本的自信。

自信与内向、害羞、谦逊等品质之间毫无关系，正如一个自我的人未必真的自信。任何人都不可能只凭着模仿而变得真正自信，他们恰如东施效颦，招人嘲笑。他们表现得越是夸张，越是如同硕大的气球一样，只要被钢针轻轻地扎一下就会马上爆炸。可见，模仿的自信是虚张声势，是掩人耳目，更是自欺欺人。

假装自信的人要么极度自卑，要么极度自负，他们在这两种极端的性格中游移不定，他们对于自我充满了不确定性，也无法做到认可自身的价值。他们流于表面的、浮夸的自信禁不起任何打击，虚弱不堪。和虚假的自信相比，真正的自信具有很强的适应性，也能进行自我支持，还能以强大的内心消除各种外部的负面影响等。因此，我们要追寻自信的根源，而不能只满足于触碰自信的枝叶。

对于青少年而言，唯有接纳和认可自己内心中最软弱自卑的性格，才能肯定自身的价值，培养出真正的自信。 反之，一味地逃避和否定自己，只会让自己坠入自卑的深渊，距离自信的目标越来越远。和那些假装自信的人相比，敢于直面自己的恐惧、害羞和脆弱的人才是真正的强者。因为他们哪怕知道自己有各种缺点和不足，依然能发现自身的优点和长处。

小贴士

每个人产生自信的前提，恰恰在于接纳自己的缺点，肯定自己的优点，而非自我标榜毫无缺点和瑕疵。青少年要想做到充分自信，就要形成一套评价自己的标准和体系，这样才能避免受到外部评价的影响，坚定不移地接纳和相信自己。自信的力量坚如磐石，必将让青少年在漫长的人生道路上表现得执着且充满力量。

青少年为何不服从管教

对于大多数青春期孩子的父母而言，最大的难题在于孩子不服从管教。为此，他们与孩子之间的关系变得越来越紧张，而孩子也从最初的有些叛逆变得更加固执己见，还有些孩子故意违背父母的意愿，与父母对着干。其实，在每一个不服从管教的孩子背后，都隐藏着强势的父母。在不那么理想的或者堪称恶劣的亲子关系中，不服从管教的孩子与强势的父母是一对不离不弃的组合。**换言之，父母越是强势，孩子越是叛逆，不服从管教；反之，孩子越是叛逆，不服从管教，就越是加剧了父母的强势。**由此一来，亲子关系陷入恶性循环的状态，父母与孩子之间的关系也剑拔弩张，从本该最亲近的人变成了见面分外眼红的仇人。长此以往，亲子矛盾被激化，父母和孩子之间更加水火不容。而一旦亲子关系极度恶化，父母就无法教育和引导孩子，使家庭教育的效果大打折扣。

作为父母，我们当然希望孩子对我们言听计从。正如俗话所说的，不听老人言，吃亏在眼前。父母最喜欢做的事情就是把自己的人生经验传授给孩子，从而避免孩子走上人生的弯路。然而，父母忘记了还有一句话——不经历无以成经验。**对于孩子而言，任何人都不能对他人的人生指手画脚，因为他们的人生只属于他们自己。**所以，在孩子成长的过程中，父母要摆正自己的位

<u>置，在孩子小时候照顾孩子的吃喝拉撒，满足孩子的心理需求，而等到孩子长大了，则要给予孩子更大更自由的空间，让孩子充分发挥天性，自由自在地成长。</u>偏偏有些父母不能与时俱进跟紧孩子成长的脚步，总是压制孩子，打击孩子，否定孩子，强势安排孩子。在小时候，孩子能力有限，必须依靠父母才能更好地生存。随着渐渐长大，孩子各方面的能力得以增强，所以他们越来越渴望摆脱父母的约束和管教，证明自身的能力。正是在这样的矛盾状态下，父母与孩子的关系发生了根本性的变化。如果说此前孩子完全依赖父母生存，那么现在父母则要学会接受孩子的成长，见证孩子的独立，也在陪伴孩子一程又一程之后，目送孩子飞往属于他们的广阔天地。

由此可见，在亲子关系中，占据主导地位的父母过于强势，正是青春期孩子反抗激烈、加强叛逆的根本原因。作为父母，既要看见孩子的成长，也要根据孩子成长的情况及时调整与孩子相处的模式。在孩子小时候，父母的确在孩子面前扮演着救世主的角色，但是不要享受绝对的权威，否则孩子就会依赖权威，这并不利于孩子发展独立性和自主性。此外，在孩子成长的过程中，父母要逐渐深入了解孩子的独特个性，不要把对儿童的普遍认知套用到孩子的身上。父母常常当着孩子的面表扬"别人家的孩子"，更是会激发孩子内心的不满和叛逆。

父母对孩子的爱应该以无条件地接纳为前提。试想，如果孩子整日把别人家的父母挂在嘴边，借此贬低和挖苦自己的父母，那么父母会作何感想呢？在这个世界上，绝没有两片完全相同的树叶，更没有两个完全相同的人。孩子接纳父母的与众不同，父母也要接纳孩子的特立独行。哪怕孩子在学习上不如别人家的孩子优秀，在行为表现上不如别人家的孩子突出，父母也要接纳孩子，深爱孩子，认可孩子，欣赏孩子。父母尤其需要记住，不要把自己的孩子与别人家的孩子放在一起进行横向比较，而是要激励孩子坚持点点滴滴地进步，与自己进行纵向比较，这样孩子才会受到鼓舞，产生强大的内驱力。

在大多数家庭里，父母都对孩子不满意，试图把孩子塑造成自己所期待的样子，这是导致亲子矛盾的重要原因。如果父母改变对待孩子的态度，真正做到无条件接受孩子，也改变与孩子沟通的方式，从指责、命令和要求转变为建议、商量和提醒，那么相信孩子一定会欣然接受。

从孩子的角度来说，进入青春期，身心发展的速度都越来越快，当自身的需求与父母主动给予的爱和管教之间的差距越来越大时，切勿消极对抗，而是要采取积极的方式与父母进行深入的沟通。孩子要始终相信父母是最爱自己的，也把自己对爱的渴望告知父母。只要亲子双方能够做到互相尊重，彼此理解，全然接纳，那么亲子关系就会发生质的改变，父母会成孩子的人间理想，孩子也不再叛逆、不服从管教。

小贴士

随着孩子不断成长，亲子关系既要是亲子关系，也要成为师生关系，还要成为朋友关系、哥们（闺蜜）关系、战友关系等。当亲子关系的内容丰富充实，形式多彩多样，父母就能成为优秀的父母，孩子就能成为出色的孩子。

参考文献

[1]黑幼龙.慢养：给孩子一个好性格[M].北京：中信出版社，2009.

[2]王菲.青少年性格养成与发展[M].南京：南京出版社，2022.

[3]李照辉.青少年性格塑造全书[M].北京：中国商业出版社，2011.

[4]高寒.儿童青少年性格心理学[M].北京：西苑出版社，2020.